U0180297

解密载人航天器

热门载人航天器问题的答案清单

庞之浩◎编著

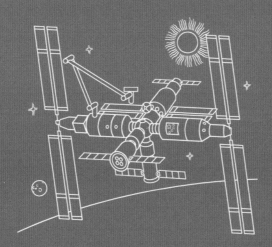

**FREQUENTLY ASKED QUESTIONS
ABOUT MANNED SPACECRAFT**

电子工业出版社
Publishing House of Electronics Industry
北京·BEIJING

内 容 简 介

在载人航天活动的过程中，载人航天器具有至关重要的作用。太空环境十分恶劣，为了保障航天员的生命安全，对载人飞船、空间站等载人航天器的研制提出了很高的要求。一是要根据各个阶段载人航天活动的要求，制定出符合本国国情的载人航天发展战略；二是要攻克载人航天器各个分系统的技术难关；三是要研制出高可靠、高性能的载人天地往返系统；四是要打造出寿命长、功能强、体积大、用途广的"太空大厦"——空间站；五是要为载人登月，载人登火，建立月球基地、太空城和太空电梯等做准备工作。本书全方位地介绍了与上述内容相关的载人航天器的知识和故事。

图书在版编目（CIP）数据

解密载人航天器：热门载人航天器问题的答案清单/庞之浩编著. —北京：电子工业出版社，2024.4

ISBN 978-7-121-47534-4

Ⅰ.①解…　Ⅱ.①庞…　Ⅲ.①载人航天器－普及读物　Ⅳ.①V476.2-49

中国国家版本馆CIP数据核字（2024）第059508号

责任编辑：刘家彤

文字编辑：赵　娜

印　　刷：中国电影出版社印刷厂

装　　订：中国电影出版社印刷厂

出版发行：电子工业出版社

　　　　　北京市海淀区万寿路173信箱　　邮编：100036

开　　本：720×1000　1/16　印张：14.5　字数：255.2千字

版　　次：2024年4月第1版

印　　次：2024年4月第1次印刷

定　　价：79.80元

凡所购买电子工业出版社图书有缺损问题，请向购买书店调换。若书店售缺，请与本社发行部联系，联系及邮购电话：（010）88254888，88258888。

质量投诉请发邮件至zlts@phei.com.cn，盗版侵权举报请发邮件至dbqq@phei.com.cn。

本书咨询联系方式：liujt@phei.com.cn，（010）88254504。

序言

发展载人航天有很多重要作用，它可以体现一个国家的综合国力，提升其国际威望。发展载人航天需要依靠先进的技术、发达的工业基础和雄厚的经济实力，所以发展载人航天能带动科学技术全面、快速地发展。

人们在载人航天器特殊条件下能取得不少在地球上很难，甚至根本无法获得的科研成果。载人航天技术持续的开拓性和高度的综合性，决定了它的发展方向新颖，思路开阔，涉及学科、专业广泛，从而使它有高层次、多途径和全方位的渗透性，对各种技术领域的前沿研究都产生着深刻的影响。

发展载人航天还可促进太空资源的开发，尤其是有利于开发微重力资源，因为这种资源的开发比较复杂，需要人的参与和先进的科学实验设备，能够改善地面生产工艺，提供在地面重力环境中难以生产或不可能生产的产品。

工欲善其事，必先利其器。开展载人航天活动时，人必须乘坐与外界隔绝，能仿造地面环境的载人航天器才能安全地生活和工作。全球现已研制出三种载人航天器，其可分为两类：一类是宇宙飞船和航天飞机，其主要作为航天交通工具来接送航天员和货物；另一类是空间站，其主要用于科研生产、在轨服务和太空中转等。

至今，开展载人航天活动的国家都采用了适合本国国情的载人航天器发展战略。从1992年开始，我国载人航天实施了

"三步走"的发展战略，先后研制和发射了多艘达到世界第三代水平的"神舟"系列载人飞船和达到世界领先水平的"天舟"系列货运飞船，并掌握了空间出舱活动、空间交会对接等一系列关键技术，为2022年建成我国第一座空间站"天宫"奠定了坚实的基础。

本书内容涵盖了各国载人航天器及其发展历程，以易于传播、激发探究、喜闻乐见、老少皆宜和雅俗共赏的问答形式，科学、系统、新颖、通俗地介绍了形形色色的载人航天器。

书中收录了大量来自美国航空航天局（NASA）、欧洲航天局（ESA）、中国载人航天办公室等有关载人航天器的实景照片，以系列问答和图文并茂的形式深入浅出地介绍了全球载人航天器的最新发展成就，特别是中国载人航天器背后的"绝招"，使读者既能知其然，又能知其所以然。有的段落根据需要插入了相关背景介绍或知识介绍的小链接，能为读者答疑解惑，使相关内容更丰富饱满。

载人深空探测活动是未来发展的热点。人类将从地球出发，前往深空和其他天体表面，并安全返回地球，从而探索和开发宇宙资源，拓展人类的活动和生存空间。因此，本书展望了多种未来载人航天器的发展前景。

希望本书能让更多人关注世界载人航天器领域的发展，使更多人走近载人航天器，了解载人航天器，喜欢载人航天器，最后加入我国载人航天器的研制队伍，为航天员打造更安全、更舒适、更先进的载人航天器，为全球开发太空资源做出自己的贡献。

庞之浩

2024 年 1 月

C ONTENTS 目录

载人航天概览篇

载人航天器篇

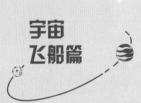

宇宙飞船篇

空间站及其他技术篇

载人航天
概览篇

古人是怎样梦想飞天的？

　　人类自古就有飞天的梦想，对飞天的渴望深深地植根于人们心中，它日积月累，并广为流传，逐渐变成一个个美妙动人的神话故事。这反映在中国古代不少神话故事中，如《女娲补天》《夸父逐日》《嫦娥奔月》等，其中流传最广的神话故事是《嫦娥奔月》。

1 中国神话

　　嫦娥本是射日英雄后羿的妻子，后羿射日立下丰功伟绩后，受到了天神们的敬仰。王母娘娘赞赏后羿的盖世功绩，便赐他一包长生不死药，让他服下升天变成仙人。由于后羿舍不得离开妻子，不愿独自成仙，便将长生不死药交由嫦娥保管。不料此事被后羿的徒弟蓬蒙知道了，他奸诈刁钻，趁后羿外出狩猎之机，潜入后羿的宅院，威逼嫦娥交出长生不死药。嫦娥知道自己不是他的对手，但绝不能把王母娘娘赐给后羿的长生不死药交给心术不正的蓬蒙。危急之中，嫦娥当机立断，打开百宝匣，取出长生不死药，一口吞下，瞬间嫦娥便轻飘飘地离开地面，向天上飞去。由于嫦娥牵挂着丈夫，便飞落到离地球最近的月亮上成了仙。

嫦娥奔月

链接： 中国古代的飞天绝不仅是空想，还出现了很多伟大的实践先驱。例如，2000 多年前，墨翟斫木为鹞，成就了世界上第一只风筝，这也是人类最早的飞行器。从此，人们的心愿就被系在风筝的薄翼上，努力飞得更高、更远……

---

2 外国神话

国外也有类似的传说。古希腊有一位叫代达罗斯的建筑师，由于受到国王的怀疑而想逃跑，但因国王封锁太严难以脱身，于是打算从空中逃走。他和儿子伊卡洛斯搜集了许多鸟的羽毛，做成翅膀捆在臂上。飞之前，他告诫儿子别飞得太高，否则翅膀容易被太阳熔化。然而，父子俩在鼓翼升空之后，因为儿子太兴奋了，忘记了父亲的告诫而飞近太阳，结果翅膀受热熔化，掉进海里被淹死了。从此，这片海就叫伊卡洛斯海。

在古希腊神话中有两代月亮女神。第一代月亮女神阿尔特弥斯在晚上以庄重的姿态飞越夜空，这位"广阔天空的王后"坐在乳白色战马驱动的空中马车中，向沉睡的大地散发出银色的光芒。阿尔特弥斯心灵纯洁，容貌娟秀安详，是少女端庄娴雅的楷模。塞勒涅是第二代月亮女神，形象为身穿长袍的美女，头饰月轮，两匹白色的天马拉着她的银车驶过夜空，为世界洒下清冷光辉。古希腊的月亮女神象征着美好、绚丽和光明，人类对她充满无限的向往。

3 科学幻想

中外的飞天幻想故事和传说丰富多彩，经过千百年的广泛传播和演变，这些故事对后世的作家、科学幻想家都产生了激励作用。由于古代长期建立起来的太空飞行的理想在人们心中深深地扎下了根，对后世富于幻想和有创造才能的人来说，无疑是一种前进和创造的动力。

在文艺复兴和宗教改革运动席卷欧洲时，近代天文学和科学也随之而来。哥白尼于 1543 年发表了"天体运行论"，揭开了天文学革命的序幕。而后经过文艺复兴后著名科学家第谷、开普勒和伽利略的进一步发展，近代日心说天文学体系最终建立起来了。去月球旅行便成为人类最先幻想的主题。第一个对这个动人的主题进行开拓的便是德国天文学家开普勒。

链接：随着科学技术的发展，从 17 世纪起，人们开始把天文知识与循理虚构的故事结合起来，编写成太空科幻小说。最早的太空科幻小说家是德国天文学家开普勒，他写的《梦游》讲述了人类飞渡月球的情景。

德国天文学家开普勒

17 世纪可谓是太空幻想小说的第一个黄金时代。在这个阶段出现的太空飞行幻想小说家中，法国的贝尔日拉克最富想象力，他在《月球各国奇遇记》一书中述说了多种推进方法，包括利用弹簧的弹力、借助太阳能的喷射推进器和火箭等。

链接：1783 年，第一个载人气球升空后，人们发现垂直向上的飞行能力很有限，而且高度越高，空气越稀薄，温度也越低，为人所不能接受。所以，在此后的半个世纪里，有关太空旅行的科幻作品较少问世。

科学幻想常常伴有科学的预言，能激发人们的创造精神，使人们从中得到启发和鼓舞，从而产生重大的发明和创造。19 世纪 60 年代，随着火炮技术的发展，人们幻想乘炮弹到月球上去，于是科幻作品再度兴起。

4 又掀高潮

19 世纪，以航天为主题的科幻小说又掀高潮。1827 年，美国弗吉尼亚大学教授图克尔发表了科幻小说《月球旅行》。1863 年，第一部关于金星旅行的科幻小说出现了——法国阿希利·埃劳德写的《金星之旅》。1865 年是太空科幻小说相当多产的一年。法国儒勒·凡尔纳出版了《从地球到月球》，大仲马出版了《月球之旅》，法国的亨利·德·帕维利出版了《火星居民》，这些幻想作品大多是作家的驰骋想象。

凡尔纳的《从地球到月球》是其中最重要的太空科幻小说之一，产生了极为广泛的影响。为写好这部作品，凡尔纳研究并向人请教了许多数学、物理学和天文学问题。他在小说中设计的类似宇宙飞船的炮弹和发射装置都经过了严格的数学计算。书中人物所乘坐的炮弹的速度接近第二宇宙速度，达每秒 11 千米，人坐在空心的炮弹中，里面还装有粮食、水和制氧用的化学药品，能飞行 4 天。其发射地点恰好就是现在的美国航天发射场——卡那维拉尔角。

凡尔纳的小说产生了非凡的影响，许多航天先驱者都受到这部小说的启发和激励。凡尔纳以丰富的想象力和严谨的科学态度，正确预言了许多航天活动的基本状况：火箭发射场、飞船密封舱、失重、火箭变轨飞行、制动火箭、飞船海上溅落等。这些都同航天技术发展的实际情况有着惊人的吻合。

科幻小说在科学的基础上进行合理的演绎和设想，虚幻之中寓有合理的思路，能使人从中得到启发和鼓舞。

法国科幻作家凡尔纳写的《从地球到月球》

5 万户飞天

最值得称道的是历史上第一个试图乘火箭上天的人——15 世纪中国明朝人万户。1945 年，美国学者基姆在他的《火箭与喷气发动机》一书中是这样描写的：万户先做了 2 只大风筝，并排装在一把椅子的两边。然后，在椅子下面捆绑了 47 支当时最大的"起火"（土火箭）。准备完毕后，万户坐在椅子当中，然后命仆人点燃火箭，试图借助火箭的推力和风筝的气动升力实现"飞天"的理想。但是，随着一声巨响，他消失在火焰和烟雾中，人类首次火箭飞行尝试没有成功。他是世界上第一个想利用火箭飞行的人，比"现代宇航之父"齐奥尔科夫斯基于 1903 年提出利用火箭进行星际航行的设想早了几百年。

万户飞天塑像

🔗

链接： 德国火箭专家威利称，万户是博学而勇敢的中国官员，他通过发明并试验一种火箭飞行器，颇为壮烈地自我牺牲了。苏联火箭专家在《火箭技术导论》中指出，中国人不仅是火箭的发明者，还是首先企图用火箭把人类送到太空的幻想者。总之，万户飞天得到了世界公认。为纪念这一创举，在 20 世纪 70 年代的一次国际天文联合会上，世界科学家们将月球上的一座环形山命名为"万户山"。

虽然经过无数次勇敢的尝试，但由于技术条件的限制，千百年来人类的脚步始终没能离开养育自己的地球，直到 1961 年 4 月 12 日，世界第一个航天员——苏联的尤里·加加林乘东方号飞船上天，才终于圆了这一美好的飞天梦想，并拉开了波澜壮阔的载人航天序幕。

为什么要进行载人航天？人类可以开发哪些太空资源？

开展载人航天活动不光是为了欣赏绚丽多彩的太空美景，更重要的是要进一步探索宇宙的奥秘，更好地开发太空的资源，从而为人类造福。

1 第四领域

人类一直在不断努力扩展自身的生存空间，其活动范围经历了从陆地到海洋，从海洋到大气层空间，再从大气层空间到太空的发展过程。人类活动范围的每一次扩展，都是一次伟大的飞跃，增强了人类认识和改造自然的能力，促进了生产力和社会的发展。

历史上，远洋航海技术的兴起，导致了世界贸易的发展、世界市场的开辟和近代科学的一系列成就，开始了一个"全球文明"的时代。当今载人航天技术的兴起，则使人类走出了"地球摇篮"而到达浩瀚无际的太空，开启了"太空文明"的新时代。在这个时代中，地球是人类生存之本和一切物质财富之源的断言已显过时，而宇宙空间以其无穷无尽的宝贵资源吸引着越来越多的人去开发和利用它。人类到太空遨游，到月面考察，这与征服海洋，到达大气层相比，时间更短、空间更广，因此，任何技术一旦与载人航天活动相结合，其功能和效率都能大大提高。

链接： 距地面 100 千米以上的太空是继陆地、海洋和大气层空间之外人类的第四个生存环境，那里有取之不尽、用之不竭的宝贵资源。那里既有太阳能、地外星球矿藏等自然资源，又有因航天器飞行带来的轨道资源和微重力资源等衍生资源。开发它们对人类的发展具有重要意义。

2 能源宝库

仅从太阳系范围来说，在月球、火星和小行星等天体上，有丰富的矿产资源；在类木行星和彗星上，有丰富的氢能资源；在行星空间和行星际空间，有真空资源、辐射资源、大温差资源，那里的太阳能利用效率也比在地球上高得多。

太阳每秒将 81 万亿千瓦的热能送给地球，相当于现今全世界每秒发电量的数万倍，等于燃烧 500 万吨优质煤所产生的能量，因此，太阳是一个巨大、洁净的能源宝库。由于不受地球大气层的影响，在地球轨道上的太阳辐射密度是地面上的好几倍，所以在太空开发太阳能资源效率非常高。目前，一些国家已开始把建造空间太阳能电站作为一种新的战略选择。初步设想是：用空间太阳能电站先把太阳的光能高效率地转变成大功率的电能，再把电能通过微波或激光发往地面给用户使用。利用太阳能的另一种设想是建造"人造小月亮"，为城市和野外作业照明，增加高寒地区的无霜期，保证农业丰产、丰收。

太空中的宇宙辐射强度比地面大得多，并且是全谱段的。特别是宇宙高能重粒子，由于受大气阻尼和吸收，很难到达地面。这一资源是非常宝贵的，如众所周知的太空育种，就是利用空间宇宙射线、交变磁场和微重力等特殊的太空环境因素对种子和微生物施加影响，使农作物种子产生在地面环境中得不到的变异，最终筛选出有着优异变异性能的农作物新品种。

太空青椒（右）与普通青椒的比较

3 得天独厚

在 200 ～ 500 千米高的低轨道空间真空度为 10^{-4} 帕，而在 35800 千米高的地球静止轨道上则是 10^{-11} 帕的高真空度。太空中的高真空是地面人为的真空条件无法比拟的，十分有利于高纯度材料加工、蛋白质提取和特效药研制等。在太空环境中，由于高真空具有绝热的特性，所以物体被太阳直射的一面可达到 100℃ 以上的高温，而背阴面则可保持 -100℃ 以下的低温。两者之间形成了大温差，而且非常稳定。这一特殊资源有待今后进一步开发利用。

离地球最近的月球上有丰富的氧、硅、钛、锰和铝等元素，还有地球上稀缺的理想核聚变发电原料——氦-3，因此有望用它来化解地球上的能源危机，可以满足地球 1 万年以上的能源需求。月球上无大气，黑夜和低温时间长，是理想的科学研究和天文观测基地。

链接：金属型小行星上有丰富的铁、镍、铜等金属元素，有的还富含金、铂等贵金属和珍贵的稀土元素。彗星上有丰富的水冰。这些资源和月球上的资源既可供地球上使用，也能用于建设航天港和太空城。

4 派生而来

利用航天器的飞行，还可派生出轨道资源和微重力资源等。航天器问世后，科学家们首先想到的就是利用太空的轨道资源，因为站得高、看得远。站在珠穆朗玛峰上，能看到 0.07% 的地球表面；在距地面 200 千米高的轨道上，可以看到 14% 的地球表面；在距地面 35786 千米高的地球静止轨道上，则能观察到 42% 的地球表面。利用高远位置这一有利条件，可进行空间遥感、通信和导航等。在太空"制高点"上不仅可以观地，也能望天，在那里进行天文观测不受大气层影响，使全波段天文观测变得轻而易举。

载人航天器舱内，微重力环境使水珠借助附着力停留在植物的叶片上

航天器内的微重力环境是一种宝贵资源，人类用这种资源已进行了地面上难以实施的科学实验、新材料加工和药物制取等。因为在微重力条件下，气体和熔体的热对流消失，不同密度物质的分层和沉积消失，即密度不同的液体可以相容在一起。这对生产极纯的化学物质、生物制剂、特效药品，以及均匀的金属基质复合材料、玻璃和陶瓷等都很有用。由于无浮力，液滴更容易悬浮，冶炼金属时可以不使用容器，即采用悬浮冶炼，从而使冶炼温度可以不受容器耐温能力的限制，进行极高熔点金属的冶炼，避免容器壁的污染和非均匀成核结晶，从而改善合金的金相组织，提高金属的强度。

链接： 微重力环境是指物体在引力环境中自由落体运动时，物体只受到引力的作用而处于失重状态，物体及物体内部均处于微重力环境中。航天器环绕地球进行圆周运动而产生微重力环境，是由于运动的惯性使其自由落体运动的轨迹成为环绕地球的圆周。

5 国力体现

载人航天是航天技术向更高阶段的发展，因为人在太空能完成复杂的开发工作，如进行多种科研、生产和军事活动；开展各种在轨服务，包括维修、升级航天器，更换部件和加注燃料。

从当今的技术水平和可以预见的未来来看，现在人类的资源枯竭、环境恶化、人口激增等几大问题，可以通过扩大人类生存空间来解决。有人已经提出：开发月球，引进资源；飞往火星，建造另一个"地球"。

在当代，发展载人航天也有很多重要作用，它可以体现一个国家的综合国力和提升其国际威望。因为发展载人航天需要依靠先进的技术水平、发达的工业基础和雄厚的经济实力。由于载人航天是人类最具挑战性的领域，技术复杂、投资巨大，所以至今世界上只有俄罗斯、美国和中国能独立进行载人航天活动。截至 2022 年，中国已先后把 16 名航天员送入太空，大大提高了中国的国际威望和国际地位，振奋了民族精神，增强了全民族的凝聚力。

6 带动科技

发展载人航天能带动科学技术的全面、快速发展。因为载人航天技术集中体现一个国家的现代科技在多个领域的发展水平，同时又给各个领域提出新的发展需求，从而促进科技发展。

人在载人航天器特殊条件下进行的许多学科研究能取得不少在地球上很难甚至根本无法获得的成果。我国空间站上有 2 个实验舱，科学家可在上面运用当代最先进的实验手段进行化学、生物学、物理学及其他学科的研究。

载人航天技术持续的开拓性和高度的综合性，决定了它的发展方向新颖，思路开阔，涉及学科、专业广泛，从而使它有高层次、多途径和全方位的渗透性，对各种技术领域的前沿研究都产生着深刻的影响，其"裂变反应"比比皆是。

发展载人航天还可促进太空资源的开发，为人类造福。航天事业发展的前期着重于高远位置资源的利用，各种人造卫星均利用高远位置资源有效地为人类社会服务，而在微重力等其他太空资源的利用上考虑得不多，因为其应用比较复杂，需要人的参与和先进的科学实验设备。载人航天主要是利用微重力资源及其他资源进行科学和技术实验，改善地面生产工艺，提供在地面重力环境中难以生产或不可能生产的产品，为人类创造新的财富。

载人航天的意义是巨大的，它无法用金钱衡量。21 世纪的载人航天活动，将为人类历史的发展做出新的、更大的贡献。

在地面生长的胰岛素结晶不够大（左），或者纯净度及顺序不能满足研究人员的要求。在太空生长的胰岛素结晶品质高（右），研究人员从中可以获得胰岛素的生命形态，这对糖尿病患者获得更好的治疗具有重要意义

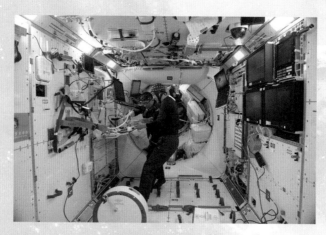

中国航天员在"天宫"空间站内工作

发展载人航天有何条件？载人航天经历了哪些发展阶段？

因为人类一旦暴露在太空中将面临失压、缺氧、低温和辐射损伤等危险，所以，人类必须乘坐在与外界隔绝的载人航天器内才能安全地生活和工作。如果要离开航天器进入开放的太空，就必须穿上如微型载人航天器的舱外航天服。

简言之，要进行载人航天必须具备三大要素：一是要拥有推力强大的运载工具，且可靠性要极高；二是研制出能仿造地球生活的载人航天器；三是要弄清高空环境和太空飞行环境对人体的影响。

1 载人运载火箭

由于比无人航天器多了环境控制与生命保障系统、乘员系统、应急救生系统、返回着陆系统等许多特设系统和为保证安全的备份系统，所以载人航天器一般质量比较大，这就需要载人运载火箭有比较大的推力，还要高可靠性、高安全性。

目前，我国分别研制了三种用于发射载人及货运航天器的运载火箭，它们是发射"神舟"载人飞船的长征二号 F 火箭；发射"天舟"货运飞船的长征七号火箭；发射空间站舱段的长征五号 B 火箭，其中，长征二号 F 火箭是真正意义上的载人运载火箭。

1999 年首发成功的长征二号 F 火箭是我国第一种载人运载火箭。其发射载人飞船状态时的近地轨道运载能力为 8.1 吨，发射空间实验室状态时的近地轨道运载能力为 8.6 吨，截至 2022 年 12 月，已成功发射了 15 艘"神舟"系列飞船和 2 座"天宫"空间实验室，发射成功率为 100%。

该运载火箭为两级半构型，即由芯一级、芯二级、4 个助推器、整流罩和逃逸塔等组成。其研制主要围绕提高可靠性和安全性，广泛采用了冗余设计，提高了元器件等级和筛选标准。对箭体结构、动力装置、控制系统、遥测系统进行了旨在提高可靠性的设计，并首次增加了火箭故障检测处理和逃逸系统，使火箭的可靠性达到约 98%。其顶部装有一个类似避雷针的逃逸塔，它可使航天员的安全性达到 99.996%，即该火箭平均发射 10 万次才可能有 4 次逃逸失败，从而在功能、性能、可靠性和安全性方面全部达到了载人运载火箭的要求。

顶部装有逃逸塔的长征二号 F 火箭发射"神舟"载人飞船

链接： 为保证航天员的安全，火箭的外测安全系统取消了姿态自毁功能，提供了地面遥控逃逸指令上行通道。为保证火箭飞行稳定性、赢得逃逸时间和提高逃逸成功率，火箭增加了尾翼，其安装在助推器的尾段。

2 两类利器

至今，全球现已研制出三种载人航天器。它们又可分为两类。

一类是载人飞船和航天飞机。载人飞船的优点是能进行天地往返，相当于太空巴士；不足之处是体积小，运行时间短，所以主要作为航天交通工具来接送航天员和货物。航天飞机载人多、用途广，但由于风险大、成本高，所以暂时不用了，现在世界各国都依靠载人飞船接送航天员和货物。

世界第一艘载人飞船东方1号的返回舱

另一类是空间站。其优点是体积大、寿命长和功能强，相当于空间大厦；不足之处是无法进行天地往返，需要用载人飞船或航天飞机提供天地运输服务，所以主要用于科研生产、在轨服务和太空中转等。由此可见，空间站是开发太空资源的理想基地，但在研制、发射空间站之前，必须先研制出载人飞船等天地往返运输器才行。

链接： 我国在 1992 年制定了载人航天"三步走"发展战略，先后研制和发射了"神舟"载人飞船和"天舟"货运飞船，并突破和掌握了太空行走、交会对接等关键技术。这些都为 2022 年建成的"天宫"空间站奠定了坚实的基础。

目前，中国、俄罗斯和美国都掌握了载人飞船技术，中国的"神舟"载人飞船由轨道舱、返回舱和推进舱组成，乘员人数 3 人。它可自主飞行 7 天，停靠飞行 180 天，达到世界第三代飞船的水平。

"神舟"载人飞船，自上而下为轨道舱、返回舱、推进舱

目前，俄罗斯、美国、欧洲、日本和中国都掌握了货运飞船技术，中国的"天舟"货运飞船性能名列前茅。整船最大装载状态下质量达 13.5 吨，上行货物运输能力为 6.9 吨，载货比高达 51%，位居世界第一。每艘货运飞船可停靠空间站 1 年，供电能力不小于 2700 瓦。

天舟一号货运飞船总装现场

3 后起之秀

目前，全球已经发射了11座空间站，其中我国第一座空间站"天宫"采用先进的多舱式构型，由"天和"核心舱、"问天"实验舱和"梦天"实验舱组成，每个舱质量都是20吨级，设计寿命达10年以上。利用后发优势，"天宫"空间站采用了大型柔性太阳电池翼、再生式生命保障、七自由度机械臂等许多先进技术和一体化设计。它可以长期载3人，半年一轮换，航天员的活动空间达110立方米，能装25个科学实验柜，有望取得重大科研成果。

2021年发射的"天和"核心舱是空间站组合体控制和管理主份舱段，具备交会对接、转位与停泊、乘组长期驻留、航天员出舱、保障空间科学实验的能力。它有3个卧室和1个卫生间，可装4个科学实验柜。其可同时对接2艘载人飞船和1艘货运飞船，停泊2个20吨级的实验舱。

2022年发射的"问天"和"梦天"两个实验舱均作为支持大规模舱内外空间科学实验和技术试验载荷支持舱段。同时"问天"实验舱还作为组合体控制和管理的备份舱段，并具备乘员出舱活动能力，有 3 个卧室和 1 个卫生间，可装 8 个科学实验柜；"梦天"实验舱则具备载荷自动进出舱能力，可装 13 个科学实验柜。

2022 年年底建成的中国第一座空间站"天宫"的示意图

在发射了 3 个舱后，我国还将在 2024 年发射与"天宫"空间站共轨飞行的"巡天"光学舱。它将搭载 2 米口径的巡天望远镜，分辨率与美国哈勃空间望远镜相当，但视场角是哈勃空间望远镜的 300 多倍，可在大范围巡天科学研究方面大显身手。

我国空间站系统的一大创新就是，"巡天"光学舱在需要时可与"天宫"空间站主体对接，开展推进剂补加、设备维护和载荷设备升级等活动，与空间站共享人力及货物资源。

链接：我国空间站也可以根据需要进一步扩展，由"T"字构型扩展成"干"字构型，使活动空间增加一倍。

4 面向未来

我国面向未来载人月球探测等任务需求，正在研制新一代载人运载火箭和新一代载人飞船。

新一代载人运载火箭由助推器、芯一级、芯二级、芯三级、逃逸塔及整流罩组成，火箭全长约 90 米，起飞质量约 2000 吨，可以将 25 吨有效载荷直接送入"奔月"轨道，或将 70 吨有效载荷送入近地轨道。新一代载人运载火箭捆绑 2 个与芯一级基本相同的助推器。

新一代载人运载火箭模型

新一代载人飞船具有用途广、载人多、可重复使用等特点。2020 年 5 月 8 日，我国新一代载人飞船试验船在圆满完成了预定任务后成功在酒泉东风着陆场着陆，这标志着该试验船的飞行试验任务圆满完成，从而为下一阶段新一代载人飞船的研制指明了方向。

新一代载人飞船试验船采用了新型气动外形、轻质低烧蚀防热材料和结构、群伞减速和气囊缓冲系统、单组元无毒发动机、超大型表面张力贮箱等一系列新技术新产品，开展了高速再入热防护、高精度返回再入控制、大载重回收着陆等高速再入返回相关关键技术飞行试验验证，获取了重要飞行参数。

链接： 新一代载人飞船试验船于 2020 年 5 月 5 日由长征五号 B 遥一运载火箭发射，发射质量为 21.6 吨。返回时，它在制动后以超过每秒 9 千米的速度返回再入，创造了接近第二宇宙速度返回再入的热流条件。返回再入阶段，试验船通过新型制导策略控制飞行过程，以群伞减速、大型气囊缓冲着陆。

航天员在太空需要做哪些事情？航天员最主要的工作是什么？

大量理论研究和科学实践表明，无人航天器不能取代载人航天器，许多工作和在地面进行的一样，不能完全在无人的情况下进行，机械取代不了人。所以，现在载人航天技术正朝着深度和广度两个方向发展。

1 两大功能

概括地讲，人在太空有两大功能，一是可进行各种复杂的组装、科研、生产和军事活动，包括实验、试验、加工和观测等，完成很多在地面无法完成的任务，包括技术应用和科学实验研究；二是进行各种在轨服务，包括对航天员所在载人航天器或其他在轨航天器进行维修、升级和加注燃料，以延长航天器的寿命，增强航天器的功能。有些空间物质资源、空间能源的开发和某些复杂的试验，到一定程度、一定规模时，没有人在空间的参与就很难进行下去或很难实现。

由于载人航天器可由航天员直接操作，它大大扩展了航天器的功能和用途。例如，航天员能独立地接受载人航天器上各类仪表显示的信息，对其进行判断和决策，并做出快速反应。

北京时间 2022 年 4 月 29 日，俄罗斯航天员奥列格和丹尼斯完成了"国际空间站"俄罗斯舱段第 53 次出舱活动，顺利激活欧洲航天局机械臂，并成功解决了联盟 MS-21 载人飞船对接天线展开不到位的故障

利用人的主观能动性和随机应变能力，可避免和减少航天器发生事故，排除故障，化险为夷。当载人航天器与地面失去联系时，航天员能独立完成任务并安全返回。当航天器上出现意外和紧急情况时，航天员能对形势进行快速判断和评价，并及时采取措施进行处理。

利用人的智能与高度思维能力，能在太空进行有效载荷的实验研究，无论是航天医学和生物学实验，还是生产、制造药物与器件，大多离不开人的照料与操作，并要求有人随时观察、记录、分析与处理数据，修改程序，处理意外情况和进行样品的补给等。航天员的存在可简化航天器上某些仪器设备的自动化设计。

2 机动灵活

实践证明，人在太空对地面目标实施侦察与监视具有许多优点：可以对侦察目标进行选择，并随时调整观测仪器和排除故障，还能对所观测到的数据进行预先处理和判读。因此它比侦察卫星更有选择性、针对性、及时性和综合性。在第一次海湾战争期间，和平号空间站上的航天员就对战区进行了大量观测活动。

链接：通过航天员在飞行过程中所拍摄的照片，苏联重新精确而详细地绘制了本国的地图。在贝加尔湖—阿穆尔新铁路的勘测选线工程中，苏联利用空间站航天员通过多光谱相机拍摄的地面照片，了解到该地段的构造断层和地下水会聚点，为铁路部门节省了 700 万卢布的投资。类似的例子还有很多。

　　航天员参与对地观测后，提高了遥感装置的利用率，并能快速而准确地对新发现的目标和新情况进行分析和判断，从而拍摄大量有价值的照片。例如，苏联曾根据航天员拍摄的照片，在塔吉克的一个地方发现 2 亿平方米的夏季牧场（这里由于道路不通一直没被人发现）；发现由于过度放牧，一些牧场已出现严重退化，必须加以保护和恢复；发现苏联北部森林已被逐块砍光，水流冲刷威胁很大，要立即加以控制；发现伏尔加河左岸有储量很大的油气田；发现东雅库有独特的锡矿。在日地环境监测和研究方面，航天员也大显身手。他们观测并拍摄到了黄道光，观察了夜光云，测量了星体从地球背阳面的地平线上升起时的亮度变化等，从而获得了地球上层大气中罕见物理现象的新资料。

空间站航天员使用 800 毫米镜头相机进行对地观测拍摄

3 转危为安

至今，人类已在太空进行了各种卓有成效的在轨服务。例如，1973 年 5 月 14 日，美国"天空实验室"升空，但其发射时并不顺利，在升空过程中，高速气流冲掉了"天空实验室"轨道舱上的防护罩和 1 个太阳电池翼，另 1 个太阳电池翼也因被防护罩碎片缠住而没能打开，以致"天空实验室"入轨后严重缺电，舱内温度上升到约 55℃。这一故障不仅影响航天员进入"天空实验室"工作，也严重威胁"天空实验室"的安全。

为了补救，美国专家提出了许多方案，最后采用了一种操作安全的方法：设计了一把采用敷铝尼龙材料且能折叠的遮阳伞。1973 年 5 月 25 日，美国用"阿波罗"飞船把第一批 3 名航天员送到"天空实验室"。航天员把带去的 1 把遮阳伞伸出舱外，挡住阳光，使轨道舱温度下降到 27℃左右。此后，他们切去缠绕的防护罩碎片，使剩下的 1 个太阳电池翼展开工作，"天空实验室"因此转危为安。

美国"天空实验室"前端少 1 个太阳电池翼，为此航天员在上面装了 1 把遮阳伞

链接： "天空实验室"取得了很多科研成就，但美国科学家认为，"天空实验室"最重要的贡献是证明了人在空间的重要作用，航天员能够修理、装配和调整各种设备，特别是具有完成本来没有安排的空间维修任务的能力。

1985年，苏联礼炮7号空间站发生了一起严重故障。当时空间站上无人，所有的系统均供电不足，站内温度降到0℃以下，气体组分控制系统停止工作，空间站与地面完全失去联系，有报废的危险。他们派去2名航天员维修了2天才使空间站"起死回生"。这是一次壮举，反映出航天员已具有很强的能力，同时也说明他们在太空救援上迈出了一大步。

4 科学研究

航天员在太空最主要的工作就是利用载人航天器内外的特殊环境开展地面上难以进行的科学研究。

苏联/俄罗斯航天员曾把一些鸟类、贝类、鱼类、甲壳类、两栖类等动物带到和平号空间站上，研究鸟类的胚胎发育和个体发育，动物对空间站环境的适应能力等。研究结果表明，动物在空间站上能完成整个生长发育过程，有些物种甚至可以连续繁殖多代。

苏联/俄罗斯在和平号空间站上进行过100多次空间材料加工实验，创造了多项纪录：第一次在太空得到了碲化镉及其合金的晶体，第一次在太空得到了异质结构，第一次在太空得到了超离子晶体，等等。

链接： 有多名航天员通过太空行走把某些材料放到舱外，目的是观察太空环境对玻璃光学特性、超导体的结构和绝缘特性的影响等。我国航天员翟志刚在首次进行太空行走时也曾把在舱外进行试验的材料取回舱内。

美国航天员曾在"天空实验室"空间站上用多光谱相机、合成孔径雷达等仪器，完成了陆地局部特征、大气光学特征、大气海洋特征、海平面不平整状况、大气稀有气体浓度等方面的测量，获得了大量的科学数据。他们操作"天空实验室"空间站上远紫外电子成像照相机检测到围绕在彗星周围的氢云，用光度计照相机定期曝光。这些空间观测实验，显示科胡特克彗星在经过近日点后变得稍微暗淡，这一结果在地面上是无法观察到的。

5 成果丰硕

在空间生命科学研究方面，航天员不仅操作各类空间生命科学实验设备进行研究，自己有时也是被试者，即用自己或同伴的身体进行空间生命科学研究。欧洲航天局曾让"国际空间站"上的航天员头戴眼动仪，通过观察一块方向板，确定其视野和注意点的变化规律，方向板上定义好了坐标系，用于确定人眼的运动方向。这种眼跟踪实验用于确定长期飞行过程中，微重力和前庭功能的适应性对航天员视觉工效的影响。

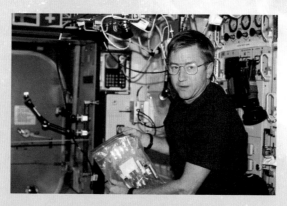

航天员在"国际空间站"命运号实验舱，手持用于生物工艺学样品试验的注射器工具包，准备进行生物学实验

"国际空间站"上的航天员进行过多次手施力测试实验，即测试在微重力环境下航天员在其可达范围内不同方位点手的施力大小，收集航天员上肢动态施力数据，进而评估上肢的疲劳特性，了解长期飞行对人体肌肉疲劳的影响，据此提出操作力的工效学要求。

链接： 科学家在太空中开展过空间细胞培养实验，用微生物生产食品和农业用生物活性物质；开发了获得高纯度治疗诊断用生物制剂的技术，制得的制剂比地面纯度高10倍，有些甚至高出2～3个数量级。

美国航天员在"天空实验室"空间站进行过生物工艺学实验，以提高空间操作中人–机系统的有效性，改进航天生物仪器的工艺水平；通过振动频率测量航天员的体重，用超声探查航天员的心脏和主动脉，研究其睡眠状况、心理紧张程度、空间前庭和神经功能，开展这一系列航天医学实验的目的是延长人在太空的停留时间。

神舟十二号航天员刘伯明在空间站核心舱上拍摄的亚美尼亚安纳托利亚高原上的凡湖

为何要进行载人登月？如何建造月球基地？

人类探月分为探月、登月和驻月三大步。目前，美国已走完了前两步，就差最后一步——建造永久性载人月球基地，从而使人在那里长期生活和工作，更好地开发和利用月球的资源、能源和特殊环境，进行深入的科学研究和技术试验。美国重返月球主要是为建造可持续运行的月球基地及为载人登火星做准备。

1 登月的意义

月球被誉为地球的"第八大洲"，是研究地外星球和太阳系起源与演化的重要对象；也是人类实现向外层空间拓展，加速空间科学等进步的理想场所。它还蕴藏着多种矿物，如月表含有至少 100 万吨的氦 3，开发出来后可为地球提供能使用1万年左右的能源。

因为月球比地球稳定得多，且没有大气层和磁场，并拥有低重力、高洁净等特殊自然条件和自然环境，所以可作为对其他星球探测和研究的平台，开展天体物理学研究，制备一些昂贵生物制品与特殊材料等。

由于月球的引力只有地球的1/6，并拥有可提炼、分解成航天员呼吸所需的空气和深空探测器所需燃料的水冰，所以能作为深空探测的前哨或中转站。

可见，月球上适合建立科研基地、能源基地、资源基地和中转基地等。

月球基地其实就是在月球上建造可供人类长期居住、生活及开展各种技术试验、科学研究和资源开发的基础设施的统称。由于月球基地很复杂，建造周期很长，所以其发展过程要经历初级月球基地、中级月球基地、高级月球基地、月球工厂、月球移民区五个阶段。

月球基地设想图。一个由直径16米的鼓胀结构构成的居住舱，可以适应12名航天员生活和工作。居住舱内有基地操作中心、生命科学和月球科学实验室、水耕果园、公共生活间、个人乘员区等。居住舱的左侧是进出用的气闸舱和除尘用洁净间。外面有一辆带增压舱的月球车，一艘航天器正在降落

月球基地工程一般由月球基础设施、地面基础设施和地月空间运输系统三部分组成。月球基础设施由月球基地本体系统、地面运输及作业系统、月球着陆与起飞系统、月球通信与导航系统组成；地面基础设施由月球基地指挥控制中心、航天员系统、地面科学应用系统、地面着陆场系统、地面测控与通信系统组成；地月空间运输系统由运载火箭系统、登月飞行器系统、其他空间运输系统组成。

链接： 月球基地可有多种形式，如固定式和移动式基地；地上、半地上和地下基地；临时、半永久和永久基地；矿藏建材、能源开发、科技研究、深空中转基地。它们各有特点，应根据需要进行综合考虑，包括安全性、经济性、宜居性和可扩展性。

2 准备工作

建设月球基地是一项前所未有的庞大创新工程，需要花费巨大的人力、物力和财力。因此，在建造月球基地之前要做大量的准备工作。例如，发射月球探测器对月球进行全面探测，目的是选择合适的月球基地地址；研制充当开路先锋的月球机器人等，为建立月球基地开道铺路。

美国已发射的"月球勘测轨道器"示意图

要建造月球基地首先要全面而深入地了解月球。至今，虽然全球已发射了130多个月球探测器，掌握了不少月球的资料，但仅靠这些资料仍然不够。如月球的两极地区，特别是对月球的背面了解得不多。水是基地选址的重要条件，但根据目前的了解，只有在月球两极终年不见阳光的地方才存在丰富的水冰。所以今后还需要发射更多的探测器对月球，特别是对其两极地区进行探测。

另外，可将无人探测与载人探测紧密地结合起来。例如，先发射无人月球探测器，测量月面空间环境，采集月球土壤岩石成分的数据，绘制月球详细的资源分布图，并提供详细的月面地形地貌，为此后的机器人或月球车和载人登月舱着陆点选址提供依据。然后用先进的机器人或月球车对轨道器提供的最有希望的地点进行考察，为建立月面前哨站和月球基地做准备。一旦确定了立足点，就可进行载人登月探测，对无人月球科研站进行短期照料。

建设不同的月球基地，其选址的标准和要求也不同。例如，如果要建造月球资源基地，就应根据月球资源的分布情况来选址；如果拟建造科研基地，则最好选择在月球的背面建月球基地，因为那里没有地球无线电波的干扰，很适合进行天文观察，不过会带来与地球通信联系方面的困难，需要先发射月球中继卫星才行。因此需要权衡利弊、综合考虑。

为在月球上建立科研基地做准备

一般来说，月球基地选址应考虑：一是建在与地球进行通信方便的月球正面；二是建在月面比较平坦，有利于月球飞船安全着陆的地方，并要求太阳光呈一定角度照射到月面上；三是建在月面下有丰富的矿产资源的地方，以便开采和利用。

3 开发利用

月球的特殊环境是进行科研的"风水宝地"，在月球建科学基地可进行以下三大类研究。

一是月球自身科学研究，即月球的科学。它是将月球作为一个地外天体进行科学研究，从而更好地认识地月系统的起源，提供行星际介质演化史的特有记录。该基地可以研究月球表面发展史，研究月球的火山活动、陨石撞击等月球地质学问题；研究月球内部、月球磁场、月球地震及月壤特性等月球物理学问题；研究月面和月壤化学特性、月球内部化学特性等月球化学问题。

二是月球观测平台研究，即来自月球的科学。它是利用月球特有的环境，将其作为一个观测宇宙和研究宇宙的理想平台。例如，在月球上建立天文台。月球没有大气层，重力只有地球的1/6，月震活动频率只有地震活动频率的亿分之一，月球背面没有人类活动造成的纷杂干扰环境，所以很适合建造理想的天文台。

三是月球科学平台研究，即基于月球的科学。它主要包括在特定月球条件下的基本研究与技术演示，特别是生命科学研究。包括低重力环境下的人体生理学、辐射防护等，为未来的载人登火星和其他载人深空探测提供技术支持。

月球基地设想图。这幅图画表现了由鼓胀结构构成的居住场所、太阳电池翼（平铺在月面）、辐射防护屏、连接隧道，6个轮子的月球车和其他设施

月球资源有月球环境和月表资源两种，前者包括太阳辐射、真空和低重力，后者包括水冰、氧、氦3、氢、金属、非金属、月壤等。利用月球基地，可开采月球土壤中丰富的铝、铁、硅，并直接生产成建材来建造房屋；也能采用3D打印技术就地取材建造月球村。月球两极有大量水冰，开发它既能满足人在月球上的需求，还可把它分解成氧和氢，成为载人飞船的燃料。

链接： 在月球上建造核电站除能供月球基地用外，还可通过中继卫星传送给地球上的人使用。在月球上也能建太阳能基地，因为月球表面几乎没有大气，而且月球上有足够的土地铺设大面积太阳电池翼。

---

4 三个阶段

月球基地的建设、开发的时间、规模、能力，与空间运输系统、基地设备、电源、生活设施和交通工具等有关。经过长期研究，一些国家的专家们已提出了多种月球基地建造方案，有些专家认为建造月球基地可分以下三个阶段实施。

第一阶段是准备阶段。其主要工作是为月球基地选址和完成月球基地建设的前期准备工作。此阶段由月球探测器和机器人来完成，发射月球探测器并将机器人送到月面上，负责月面的地质勘探和测绘，重点是在月球两极寻找水冰。

在月球基地中的航天员乘坐带有增压舱的月球车在月球上活动

第二阶段是初级基地建设阶段。首先将航天员和基地的建造设备送上月球，然后将设备组装起来。如果是建固定基地，航天员要将居住舱组装起来。在居住舱组装完成后，紧接着要将月面制氧车间组装起来，并为飞船返回地球提供燃料。

第三阶段是发展阶段，即从初级月球基地发展为中高级月球基地的阶段。此阶段基地成员将从 6 人扩大到 12 人，他们将在基地停留 3 个月到半年。在此阶段，基地的居住舱也将从 2～3 个发展为 5～7 个。此后，还可继续发展、扩大。

与其他载人航天器一样，月球基地必须包括两个最基本的重要设施，即可供航天员生活和工作的加压居住舱和生命保障系统。初级基地的居住舱可用移动式居住舱，也能直接使用登月飞船上的月球着陆器，后者设备简陋，前者可用于初级基地和中级月球基地。高级基地一般采用由金属结构或钢筋混凝土结构制成的固定式居住舱，为防止宇宙辐射的伤害，它们需埋在地下或建成半地下式。

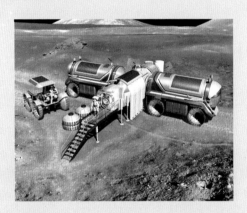

用自动货运航天器运送的部件组装成的月球居住地。中间为生活舱，后面为后勤舱，前面是气闸舱，图中一位航天员刚从气闸舱出来。2 辆增压月球车与生活舱对接，提供航天员生活和工作场所，旁边是一辆由太阳能提供电力的月球车

链接： 初级基地的生命保障系统是非再生式的。此后建造的基地的生命保障系统是再生式的，即其上的氧气、水或食物都要靠密闭循环处理和绿色植物的光合作用来就地解决。

除加压居住舱和生命保障系统外，供电系统、出舱活动系统和月球漫游车也是月球基地中必不可少的重要设施。

载人登陆火星到底有多难？可以选择哪几种路线？

载人探测或登陆火星对人类的未来具有深远意义，因此，一些航天大国很早就开始考虑载人登陆火星的问题，但由于技术、经费等多种原因，至今没能实施。进入 21 世纪后，载人航天技术和各国经济发展有了长足的进步，大大增加了实现载人登陆火星的可行性，所以人们又开始关注载人登陆火星这一宏大目标，它已成为全人类的共同梦想。

1 主要目的

20 世纪，人类实现了载人登陆月球；21 世纪，人类最重要、最复杂的航天项目就是载人登陆火星，其主要目的有以下三点。

一是寻找地外生命，从而深入研究生命、地球乃至宇宙的起源和演化，以及人类在宇宙中的地位和最终的命运。因为科学家通过长期的天文观测和空间探测已经确定，火星是与地球最为相似、距离地球最近的行星，所以探测火星生命的起源和演化可促进对地球生命的起源和演化的研究。

二是大量迹象表明，火星以前很可能与目前的地球一样，只是经过几十亿年的演化才变成大气层稀薄、温度较低、水源枯竭等。因此，载人探测或登陆火星可为研究地球的演变，防止它变成人类难以生存的"第 2 个火星"做准备。

三是载人探测火星可能解决地球上存在的一些难以解决的问题。例如，到 2050 年，全球人口总数将增长到 90 多亿，因此有些科学家已经开始研究向太空移民的方案了。由于火星与地球最为相似，所以很多科学家认为可把火星改造成适合人类居住的第 2 个人类家园，在地球人口超过 110 亿人时向火星移民。

如果利用火星大气制动，将人从地球送入火星的航天器总质量就可以减小很多。这个设想的火星着陆运载器就是利用空气制动在火星上着陆

链接：有报告还认为，只有实现载人登火的目标，才能证明通过付出巨大的人力、物力和财力来完成的载人航天探索是值得的。它对国家的经济、科技、教育、安全，国际关系及个人利益都有很大的好处，包括实际利益和精神利益（如开发地外星球，建立第 2 个人类家园）两类，只有将精神利益与实际利益相结合，才能成为继续载人航天项目的真正理由。

在载人登火方面，世界上航天实力最强的美国最为积极，在 20 世纪就先后出台过四个比较有影响力的方案，后来都因为造价过于昂贵、技术难度太大等没有实施。进入 21 世纪后，美国先后设计了两种载人登火的技术途径。

第一种途径是采用小行星重定向任务—火星的路线，实施步骤为先执行小行星重定向任务，即用无人航天器把一颗小行星拖至月球轨道，然后利用载人飞船把人送到该小行星，最后航天员从小行星飞往火星的卫星，之后在火星着陆。小行星引力小，上面的水可供航天员用，并能分解成氢和氧作为火星飞船的燃料。

第二种途径是采用月球—火星的路线，实施步骤为先建立月球基地，接着从月球基地飞往火星。月球距离地球比较近，引力比较小，也可能有水，适合作为载人登火的中转站。

第一种途径能较快实现载人登火的目标，不过风险很大，因为需要先把小行星捕获并拖至月球轨道，这是人类从来没有干过的复杂的事情。第二种途径反之。其实，第一种途径也是从月球轨道出发到火星。所以，这两种途径都将登陆月球视为载人登火的前哨阵地，由此可见，载人登月对于实现载人登火的目标意义重大。

2 巨大挑战

由于火星距离地球遥远，载人登火要比载人登月难得多，必须克服千难万险才行。

火星基地的单个居住舱在火星表面着陆示意图

一是要研制出重型运载火箭。美国曾用近地轨道运载能力达 127 吨的土星 5 号重型火箭多次成功发射质量大于 45 吨的"阿波罗"载人登月飞船。由于火星距离地球更为遥远，所以载人火星飞船的质量必然大于载人月球飞船，为此首先需要研制出比土星 5 号火箭推力还大的重型火箭才行。

二是要研制出载人火星飞船。目前，人类只研制出绕着地球运行的卫星式飞船和飞往月球的登月式飞船，但还没有打造出载人登陆火星的星际式飞船，因为它的技术难度和成本大大高于前两者。由于路途遥远，来往火星至少要 520 天，因此，飞船要解决人身保护、空气、饮食供应等许多问题。

链接：航天员在来往火星的过程中，会受到太阳风暴和宇宙辐射的影响，这就需要加强太空天气预报能力和改进各种防护设备。同时，在途中和到达火星后，都需要大量氧气、水和食品的供应。目前能够想到的方法有三种：一是由地面带过去，包括先用货运飞船把生活用品发到预定着陆地点；二是采用生物再生式生命保障系统，对航天员的尿液、汗液、呼出的二氧化碳进行回收处理，循环使用，并在舱内种植能放出氧气、吸收二氧化碳的蔬菜，以减少地面运输的压力；三是就地取材，生产航天员生活和工作所需物资，包括分解火星大气，使用 3D 打印机生产火星飞船的零部件等。另外，还需为火星飞船长途航行提供可靠的动力。

三是人体适应新的环境问题。在飞往火星途中和到达火星后，航天员长期处于微重力和低重力状态，会出现肌肉松弛或骨质变轻等太空综合征，而能活动的空间又很小，使这一问题变得更加严峻，并会对心理产生重大影响。到达火星后，与地球差异很大的火星环境对人体也是个挑战和考验。为此，俄罗斯、欧洲和中国的 6 名志愿者在 2010—2011 年开展了火星-500 实验，主要探索人类登陆火星过程中所能够耐受的一切，尤其是心理和物质保障方面的问题。

第一批人类火星探险者可以再访海盗 2 号探测器着陆地点，
以研究火星表面和大气对航天器的影响示意图

四是飞船在火星着陆过程中和着陆后的生活、工作保障。飞船在火星着陆时要经历"恐怖的 7 分钟"，好在火星有大气，可以利用降落伞减速。着陆后首先要解决能源供应问题，因为火星比地球离太阳远得多，靠太阳电池供电难以满足需求，而且火星的沙尘暴是地球12级台风的几倍，持续时间长达几个月，容易覆盖太阳电池而严重影响其工作，所以要考虑用核电源，还要保证航天员的安全性。火星沙尘暴对火星着陆器和舱外火星服的密封性、可靠性也是一种考验。

另外，火星上的温度比地球低许多，这对火星着陆器温度控制系统提出了很高的要求，当然，这也涉及着陆地点的选择，如果把着陆器停在洞窟里，就能冬暖夏凉并防宇宙辐射；也可用火星土壤覆盖着陆器。火星引力约是地球的1/3，在地球轨道使用的舱外航天服及载人登月用的月球航天服都无法在火星上使用，所以必须研制出功能更强、质量更小的火星航天服。

链接： 从火星返回地球更为不容易，因为火星引力较大，火星着陆器的上升级必须有较大的推力才行；火星飞船返回地球时的速度也比登月飞船快得多，所以难度大增，要严格控制进入地球轨道的角度、速度和时机，否则不是掠过地球就是坠毁在地球上。

五是要解决通信延时带来的困难。由于地球与火星距离遥远，无线电信号单程传输需要20分钟左右，故航天员无法获得地球控制中心的及时帮助，必须依靠飞船的自动控制设备和航天员的知识、经验来解决遇到的问题。在火星着陆后，还需要保证其与地球正常通信。

3 解决办法

对于飞往火星途中因长期失重而引起的航天员肌肉萎缩、骨质脱钙等一系列问题，目前主要措施有两个：一是吃药，二是体育锻炼。不过，目前在太空中进行锻炼的效果并不太好，所以还在进行新的探索。克服失重不利影响最好的办法就是用人工的办法产生重力。但由于技术上的困难，目前在航天中还无法采用人工重力作为防护措施。为研究防止失重引起骨质丧失的好方法，航天医学家们正在继续努力，有望在人类进入火星前解决此问题。

　　有不少专家认为，载人登陆火星最大的困难之一是宇宙辐射。人在地球上生活时，由于地球磁场有屏蔽作用，所以能把银河系宇宙辐射的强度降低 70%～90%。人即使在地球近地轨道上飞行，所乘坐的载人航天器也能受到地球磁场的屏蔽作用，使航天员受到的辐射剂量较低。但在行星际空间飞行的载人火星飞船则要受到大剂量宇宙辐射，如果不加防护装置，航天员所受的辐射剂量可高达几百戈瑞。

　　宇宙射线中的高能质子可穿透宇宙飞船照射到人体，击中人体后能引起组织器官的严重损伤，杀死人体细胞或改变人体内的 DNA，降低人的免疫能力，导致航天员终身不育，增加癌症的发病率。现有两个解决方案，一是加厚火星飞船的舱壁，这种被动物理屏蔽方式的最大缺点是飞船质量太大，给发射带来巨大困难；二是采用主动物理屏蔽的方式，即在火星飞船四周产生人工强磁场，使射向火星飞船的辐射粒子偏离，其缺点是技术十分复杂，目前极难实现。所以，对于防辐射屏蔽技术还需进一步攻关。

火星上的航天员完成了他们在火星的工作，
正在上升级运载器旁进行返回地球的准备工作示意图

链接： 火星航天员的选拔也是个难题。就目前的技术水平而言，航天员到火星 1 个来回至少需要约 520 天。在这样长的时间里待在 1 个狭小的空间中，对火星航天员的生理和心理等来说都是极为严峻的挑战，尤其是心理。

火星航天员能不能保持正常和稳定的心理状态将火星旅行坚持到底取决于航天员的心理。

研究表明，去火星最好是由 4 人或 6 人等偶数组成的乘员组，以免交谈中孤立出 1 人。如果火星乘员组是由 4 人组成，其中 1 名是有驾驶航空器或航天器经验的驾驶员，1 名是懂心理、妇科、牙科等的全科医生，1 名是会修理飞船的全能工程师，还有 1 名是懂气候、地质的全才科学家。如果由 6 人组成，则其中应该有 2 名工程师航天员和 2 名科学家航天员。另外，男女混合编队比清一色的男性航天机组更有利于长期火星任务的完成。

航天员从火星表面提取核心样品示意图

因为飞行时间很长，所以火星航天员的选拔和训练注重的是心理素质，具有相容性，其次才是身体素质和知识水平。心理选拔的任务首先是在候选人中排除那些人格有缺陷和集体主义观念淡薄的人；同时发现那些不仅人格正常，而且善于团结同事、关心集体、助人为乐、心胸开阔、幽默和乐观自信的人。其次是评定候选人在长期与世隔绝的火星旅行中，能否身心健康、坚持到底，能否始终保持良好的心态和旺盛的工作热情。最后是在长时间完成单调和重复性的工作之后，还能否对突然发生的各种紧急情况及时做出快速反应。要成功完成载人火星飞行任务，主要是靠集体的智慧和力量，而不是靠个人的天赋和才干。因此有没有集体主义思想是个非常重要的选拔条件。

4 有效方案

针对载人登火的技术途径，美国《探索途径》报告提出了"10个高优先级能力"，其中最关键的是火星进入、下降及着陆，辐射安全，空间推进和能源。其他为重型火箭、行星上升推进、环控生保系统、居住舱、舱外活动服、乘员健康、原位资源利用（火星大气）。

无论最后选定哪条技术途径，要想成功实施还将取决于关键任务要素的健康发展。例如，研制重型火箭、深空居住地和加压表面移动系统等。

不难看出，即使是举全国之力实施载人登陆火星难度也很大，最有效的办法有两个：一是像建造"国际空间站"那样开展国际合作，举全球之力，从而减小资金、技术等方面的压力，发挥各国的特长；二是缩短载人火星飞船抵达火星的时间，这样就可以规避长期太空飞行带来的生命保障、宇宙辐射、失重低重、心理生理、燃料备件等一系列问题。

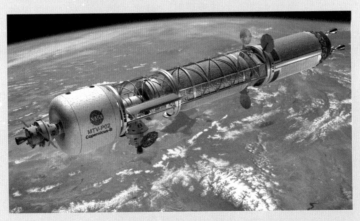

美国载人火星飞船方案之一。它在近地轨道对接了热核动力发动机充气式居住舱及直径5米的"猎户座"多用途乘员飞行器（最左边）

美国曾计划研制名为"普罗米修斯"的核动力载人火星飞船，它的飞行速度为87000千米/小时，约目前载人飞船速度的3倍，用2个月的时间就能到达火星。不过，当时的核动力火星飞船方案存在巨大安全隐患，它使航天员所受的辐射量相当于每天做 8 次 X 光胸透，所以未能实施。不过，随着技术的发展，美国、俄罗斯现在又重启核动力载人火星飞船的研制，使它不会对航天员的身体健康产生不利影响，还能在 1 ~ 2 个月抵达火星。

前美籍华裔航天员张福林正在研制全功率可变比冲磁等离子火箭，如果成功，用它作为载人火星飞船的动力装置可大大缩短人从地球前往火星所需的时间，仅用 39 天就能抵达火星。但该技术何时能问世现在还不得而知。

由等离子火箭发动机推动的"贝库尤"载人火星飞船飞 3 个月到达火星示意图

总之，从目前人类所能达到的科技水平来看，载人登陆火星的所有难题都可以逐步解决，关键是需要投入大量资金，并需要众多专家的集体智慧来攻关。一项调查表明，2013 年 3 月 1000 多位美国受调者民意投票显示，71% 受调者希望 2033 年美国派遣航天员登陆火星；75% 受调者表示美国航空航天局财政预算应当翻倍，达到联邦预算的 1%。当前，美国航空航天局的财政预算仅占联邦预算的 0.5%，而 20 世纪 60 年代"阿波罗"载人登月工程的时代，美国航空航天局的财政预算占联邦预算的 4%。

在火星表面工作的航天员示意图

俄罗斯、欧洲和日本都曾抛出过载人登陆火星的计划，目前还在研究相关方案。我国专家建议，我国在 2025—2030 年实施载人登月，2050 年实施载人登火。

至于把火星改造成人类第二个家园，然后向火星移民的方案目前也有不少，但就目前的技术发展水平和速度，可能要等到许多年以后。

太空旅游有多少种方式？能玩什么？

近年，太空旅游正成为新的热点，已有不少自掏腰包的游客到太空去旅游。

1 四种方式

目前，太空旅游主要有四种方式：飞机的抛物线飞行、接近太空的高空飞行、亚轨道飞行和轨道飞行。

抛物线飞行并不是真正意义上的太空旅游，只是让游客体验几次太空失重的感觉。用失重飞机进行抛物线飞行，每飞一个抛物线游客可以体验半分钟左右的失重。太空游客如乘俄罗斯伊尔 -76 失重飞机体验地面难以模拟的失重，费用是 5000 美元。

接近太空的高空飞行也不是真正意义上的太空旅游。当游客乘飞机飞到 18 千米左右的高空时，乘客就可以看到下方地球的曲线和上方黑暗的天空，体会到一种无边无际的空旷感觉。俄罗斯米格 -25 和米格 -31 等战斗机能飞到 24 千米左右的高度。这种旅游的费用约 1 万美元。

链接： 2021 年，美国太空透视公司开始售卖能够飞离地面 30 多千米的气球太空舱船票。这张 6 小时环游平流层的船票标价 12.5 万美元，首发航班最早将于 2024 年启程。

亚轨道飞行是指飞行器进入距离地面 100 千米左右的太空，但不是围绕地球轨道飞行一圈以上的飞行。如果飞行器在距离地面 100 千米以上的地球轨道飞行一圈以上就叫轨道飞行了。亚轨道太空旅游就是用亚轨道飞行器把游客送到 100 千米高的太空边缘后马上返回地面。采用这种飞行方式，可使游客既能感受几分钟的失重，又能欣赏美丽的地球，每次飞行约 30 万美元，但飞行时间较短，每次最多一两个小时。

亚轨道飞行器外形目前有轴对称式和升力式两种，着陆方式也有水平着陆和垂直着陆两种。轴对称式亚轨道飞行器外形以运载火箭外形为基础，增加返回地面使用的缓冲着陆支腿，垂直降落到地面，如美国蓝色起源公司的"新谢泼德"飞行器。升力式亚轨道飞行器以带翼外形为主要特征，返回像飞机一样在机场跑道上着陆，如英国维珍银河公司的太空船 2 号飞行器。它们都在 2021 年 7 月进行过体验式试飞。

太空船 2 号从白色骑士 2 号上分离

游客进行轨道飞行是真正意义上的太空旅游。实现轨道飞行的太空旅游工具目前主要是"国际空间站",而目前可供游客到达"国际空间站"的主要有俄罗斯的"联盟"系列飞船和美国的"载人龙"飞船。轨道飞行可使太空游客尽情享受失重和俯瞰地球等一些新奇体验,因为太空游客至少能在宽敞的"国际空间站"生活两个星期。但轨道飞行旅游费用高昂,包括各种训练费用在内,每次上天的费用为几千万美元,一般人享受不起。用载人飞船也可进行单独飞行的太空旅游,但只能持续几天。

2021 年 12 月 8 日,日本企业家前泽友作与助手平野洋三于乘坐俄罗斯联盟 MS-20 飞船前往"国际空间站"旅行,在那里停留了 12 天。2021 年 9 月 16 日,历史上第一批全平民 4 人乘组乘"载人龙"飞船在距离地球约 540 千米的低轨道旅游了 3 天。

第一批全平民 4 人乘组乘"载人龙"飞船进行太空旅游

2 太空船 2 号

用宇宙飞船、空间站开展轨道飞行已司空见惯,用亚轨道飞行器开展物美价廉的亚轨道太空旅游目前还不多见,但很有发展前景,因为亚轨道飞行技术简单,价格便宜。太空船 2 号和"新谢泼德"两种亚轨道飞行器是亚轨道载人飞行的典型代表,它们各有千秋。

乘太空船 2 号组合体上天的乘客在太空旅行前,只需接受为期 3 天的超重飞行训练和体能体检即可。该飞行项目要求报名者在 18 岁以上,无重要器官疾病,并遵守各项有关规定。

太空船 2 号组合体是一种采用火箭动力的亚轨道航天飞机。其飞行采用空中发射方式，即太空船 2 号亚轨道航天飞机由白骑士 2 号航空飞机带到高空后发射，所以，它实际上是一种两级亚轨道空天飞机，其特点是可以水平起降和重复使用。

白骑士 2 号飞机采用双体机身设计，其中一个机身用于主动驾驶舱控制飞机，而另一个机身用于训练机组人员及太空乘客的先期飞行体验。

白骑士 2 号双体飞机与太空船 2 号（中）

链接： 太空船 2 号从外形看似一个丰满的鱼形太空舱，在"鼻子"的部位装配了几个圆形的舷窗。其大小就像一架轻型飞机，动力采用一台液体 / 固体混合火箭发动机。它可容纳 2 位飞行员与 4 位游客，还有近 0.5 米宽的舷窗，以供游客更好地欣赏美景。其飞行上限为 110 千米，但为了安全，目前太空船 2 号只飞到 80 千米便返回，降落在起飞地附近。

发射时，太空船 2 号被挂在作为空中发射场的白骑士 2 号的"腹部"。白骑士 2 号起飞后约 1 小时，到达 14 ~ 15 千米的高空后，太空船 2 号与白骑士 2 号分离。接着，白骑士 2 号返回地面机场，太空船 2 号上的火箭发动机点火，以与地面垂直的角度向大气层边缘继续飞升，当飞行速度达到声速的 3 ~ 3.3 倍时，火箭发动机关闭，太空船 2 号在惯性的作用下继续上升到距地表约 80 千米的高空。

太空船 2 号水平着陆

从火箭发动机关闭到太空船 2 号再入大气层，乘客会经历为时约 5 分钟的零重力状态，同时能欣赏地球的美丽景色。他们还可以松开安全带，在座舱内自由飘浮。随后，太空船 2 号以滑翔方式返回地面机场。白骑士 2 号 / 太空船 2 号在 2021 年 7 月 11 日的首次飞行基本是这样的。

3 "新谢泼德"

2021 年 7 月 20 日，美国蓝色起源公司用"新谢泼德"亚轨道载人飞行器成功实施了首次载人亚轨道飞行，把 4 人送入亚轨道。

"新谢泼德"整个飞行过程约持续了 10 分钟。它从发射场升空，有动力飞行约 140 秒后发动机关机，随后依靠惯性继续向上飞行，15 秒后乘员舱与火箭分离，到达 105.9 千米的最大高度后开始下降。火箭着陆前 20 秒发动机重新点火减速，垂直着陆在距离发射台不远的着陆台上。乘员舱再入大气层后，利用降落伞减速，并着陆在发射点附近。

链接：该系统是完全可重复使用的亚轨道载人飞行器，通过垂直起飞、垂直着陆方式发射和回收，采用冗余安全设计，能够完全自主飞行，不需地面控制和人员驾驶。

"新谢泼德"由火箭和乘员舱两部分组成，全长 18 米，最大直径 3.8 米，最多能够搭载 6 名乘员，在发射过程的最大过载约 3.5g，微重力飞行时间持续 3 ~ 4 分钟，能够使乘客获得良好的观光体验。

"新谢泼德"亚轨道飞行器升空与乘员舱内部

美国蓝色起源公司老板贝索斯认为"新谢泼德"优于英国的太空船 2号，因为"新谢泼德"可以自动飞行，不用航天驾驶员，所以效益更高。贝索斯还嘲笑太空船 2 号就是一架高空飞机，所以飞不上 100 千米高的卡门线，且窗户小还不环保。蓝色起源公司指出，自家用的是火箭，有逃逸系统，而维珍银河公司用的是高空飞机，没有逃逸系统；自家的飞行器排放的废物是水，对臭氧层的影响小，而太空船 2 号发动机所采用的推进剂对臭氧层的危害是自家的 100 倍；在观赏地球风景的窗口方面，"新谢泼德"的舷窗是太空中最大的，尺寸是 107 厘米 ×71 厘米，而太空船 2 号舷窗的尺寸仅等同于飞机窗户。

可重复使用的"新谢泼德"乘员舱返回地面

4 能玩什么

　　什么是太空旅游呢？目前还没有严格的定义，但一般是指非职业航天员自掏腰包乘载人航天器到太空旅游观光的活动。太空旅游主要能给游客带来两大新奇体验：一是居高临下欣赏美不胜收的地球美景，以及在真空条件下瞭望璀璨的宇宙星空；二是体验神奇的失重生活。

　　首先是观看天象。在太空能不受大气层的影响，看到的星星是不闪烁的，可欣赏非常明亮的各个星座。看月亮更有趣，白天看到的月亮呈浅蓝色，很漂亮，夜里只能看到月亮的局部，但非常亮。看太阳也很有意思，90分钟就可看到一个日出和日落的循环景象。尤其在日落时可以看到太阳发白的光和它落下的准确位置。

　　最开心的是从太空观看地球。粗看它是一个蓝色的球体，细看它是浅蓝色。其上唯一真正的绿色带是中国的西藏高原地区；在太空看地球上的巴哈马群岛就像绿宝石一样闪闪发光；看地球上的闪电非常令人振奋，一阵阵雷电闪烁好像盛开的石竹花，当闪电连续而频繁时就像看到一片火海，有时可一次看五六个地方不同云层的闪电，把整个云层照亮，在太空看极光也很美。

世界第一个太空女游客安萨里

　　在载人航天器内还能享受地面上难以模拟的失重，体验"飞檐走壁"的感受，玩一把"竹篮打水水不空"，站着睡觉和像小鸟一样飘着用嘴接食物，表演似乎难度很大的杂耍、一指禅、悬空打坐等。

　　如果到月球旅游，则可以看到寂静的美、苍凉的美，因为那里没有一点声音和气流，到处都是细沙、撞击坑和环形山，还可以看地出，并因引力小而能跳得很高。

以后如果有了太空旅馆会更享受。太空旅馆由公共空间和一些私密空间构成，公共空间包括餐厅、酒吧、舞厅、保健室、健身房，旅客们能在那里感受零重力环境，客房不但为旅客们提供大型观景舷窗，还配有双筒望远镜，能让旅客们尽情欣赏美丽的地球和星系。

已到"国际空间站"旅游过的日本商人前泽友作

链接：要想到太空去旅游，除要有钱外，还得有较好的身体和较强的兴趣。首先不能有明显的心脏病等问题。进行亚轨道太空旅游或乘航天飞机上天对游客身体要求低一些，进行轨道太空旅游或乘宇宙飞船上天对游客身体要求高一些。此外，所有太空游客上天前必须进行训练。对亚轨道太空旅游来说，太空游客仅需经过几天训练。但进行轨道太空旅游的游客要训练半年，以掌握在太空中吃、喝、睡等生活技能。

载人航天器篇

目前的载人航天器有几类？都有哪些主要用途？

人类至今已研制、发射和应用了三种开发太空的利器——航天器，即人造地球卫星、空间探测器和载人航天器，其中人造地球卫星、空间探测器是无人的，而载人航天器是航天技术向更高阶段发展的成果，因为人在太空能完成更复杂的太空开发工作。

1 载人飞船

1961 年 4 月 12 日，苏联航天员加加林乘坐东方 1 号载人飞船上天，成为世界太空第一人，开创了载人航天的新纪元。至今，全球已研制出宇宙飞船、空间站和航天飞机三种载人航天器。

这三种载人航天器又可分为两类：一类是在太空运行时间较短、体积较小，可以进行天地返回运输的宇宙飞船和航天飞机；另一类是在太空运行时间较长、体积较大和功能较强的空间站，主要用于科学研究、技术试验和在轨服务等。这两类载人航天器是相辅相成的。在研制、发射空间站之前，必须先研制和发射载人飞船或航天飞机，以作为空间站的载人天地往返运输系统。

在已问世的三类载人航天器中，载人飞船是发射时间最早、发射数量最多、使用时间最长、研制成本最低、技术最为简单的载人航天器，至今仍活跃在载人航天的第一线，并且不断更新换代，性能日益提高。由于所有航天飞机已于 2011 年退役，所以载人飞船在载人航天领域中正发挥更大的作用。

博物馆内陈列的东方 1 号载人飞船

载人飞船的用途十分广泛。它一般

首先用于掌握载人航天最基本的技术。苏联、美国和中国的载人航天都是从宇宙飞船起步的，因为与其他两种载人航天器相比，载人飞船在技术上相对简单，所需投资较少，研制周期也较短。

链接： 载人飞船最重要的用途之一就是为空间站接送航天员和物资，因为它安全可靠，且费用较航天飞机低许多。苏联还曾用联盟 15 号飞船在礼炮 7 号空间站与和平号空间站间来回飞行并对接，成为世界第一辆太空"公共汽车"。

太空救生

人长期在空间站内工作和生活，随时都可能出现危险。例如，航天员突发疾病，空间碎片或流星击穿航天员生活的压力舱舱壁。这时就需要航天员马上撤离空间站，返回地球。由于宇宙飞船体积小、质量轻、成本低，因此很适宜作为"救生艇"长期停靠在空间站，且给空间站带来的负担也不大。若用价值连城的航天飞机作"救生艇"，长期停留在空间站，则得不偿失，使用率太低，并会给空间站背上一个大包袱，大大增加空间站姿态控制和保持轨道高度方面的费用。1984 年，苏联礼炮 7 号空间站出现严重故障时，就是用停靠在站上的"联盟"飞船把站上的 2 名航天员紧急撤回地球的；1998 年开始建造的"国际空间站"也一直用"联盟"系列飞船作为"救生艇"。

载人飞船还广泛应用于开展短期科学研究和技术试验，突破太空行走和空间交会对接等关键技术。人类用它实现了太空旅游的梦想和载人登月的壮举等。

货运飞船最早是从载人飞船演变而来的。实践证明，宇宙飞船采用人货分开的运输方式，既能大大增加货物的运载量，又能降低成本，还很安全。货运飞船不仅可以为空间站运去大量货物，满足空间站长期载人航天的货物需求，还能在返回时带回大量的空间站垃圾，并在再入大气层时将其烧毁。

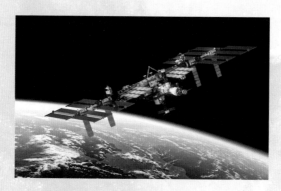

在"国际空间站"上停靠着多艘载人飞船和货运飞船

链接： 货运飞船还有许多其他用途。例如，由于空间站是在近地轨道运行的，会因受到残存大气阻力的影响而逐渐降低其轨道高度，所以在空间站轨道高度降低到一定程度时要提升它的轨道高度，而携带较多燃料的货运飞船可提升所对接空间站的轨道高度。它有时也用于机动空间站的轨道位置，以便躲避太空垃圾。

3 空间大厦

由于载人飞船在太空中的飞行时间较短，且内部空间太狭窄，无法大规模开展科学实验和技术试验活动。于是，在20世纪70年代，一种可供多名航天员巡访、长期居住和工作的大型航天器应运而生了，它就是空间站。

大量理论研究和长期实践都证明，空间站是当代最适合长期载人、开发太空资源的理想太空基地。例如，利用空间站内的微重力、高远位置和舱外的超高真空、超洁净、深冷等与地球有天壤之别的特殊环境和资源，以及有人直接参与、运行时间长和工作空间大等特点，可进行许多在地球上难以开展的高价值科研工作，包括进行最先进的生物学、化学、物理学及其他学科的研究，揭开重力对人类世界的影响之谜，开展别开生面的太空生产制造和加工工艺试验。

世界第一座多舱段空间站——和平号空间站

在空间站的微重力条件下，蛋白质晶体比在地球上生长得更纯净，进行组织培养可能会更容易，使科学家能更好地了解蛋白质、酶和病毒的性质，从而研制出新药和更好地了解生命的基本构造。在空间站上制药，可获得地球上难以达到的高纯度和高效率，并可利用太空研究获得对机理的认识，指导地球上的药物制备。

空间站的一项重要功能就是试验各种航天技术，成为太空组装、维修和升级中心，使在轨运行的其他航天器"延年益寿"。苏联航天员曾在礼炮4号空间站上使用激光器验证了一项新的跟踪技术，激光脉冲是从地球发出的，然后由装在空间站上的1台光学棱镜反射器反射回去，该试验获得了成功。

4 太空雄鹰

由于载人飞船运载能力较小、不能重复使用等，美国、苏联、欧洲、日本、英国和德国等国家和地区都曾对航天飞机的方案做过探索性研究工作，但最终只有美国研制、发射和应用了航天飞机。

航天飞机把航天与航空技术有机地结合起来，兼有运载火箭、人造卫星和宇宙飞船，甚至小型空间站的多种功能。与宇宙飞船相比，航天飞机不仅可以部分重复使用，而且能把约7人和近30吨的货物送到近地轨道上，并装有起重能力很强的机械臂，可在轨道上精确部署各种类型的有效载荷。因此，它曾把过去因形状和体积等限制而无法用运载火箭发射的一些重要航天器送上太空，从而大大扩展了人类在太空活动的规模和范围。

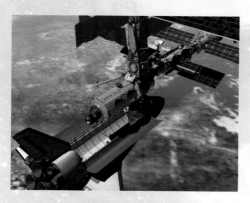

美国航天飞机与"国际空间站"对接

在建造"国际空间站"的过程中，航天飞机不仅先后将很多"国际空间站"的舱段送上太空，随机的航天员还通过太空行走进行在轨组装。航天飞机是世界上第一种实现了部分重复使用，且唯一能为"国际空间站"的建造运送舱段和大尺寸构件的天地往返运输器，为建设"国际空间站"提供了根本保障。

航天飞机的问世，大大放宽了对有效载荷尺寸和质量的限制，改变了过去要求有效载荷必须体积小、质量小的原则，从而大幅度降低了有效载荷（如卫星）的研制费用。

链接：航天飞机能在轨回收、检修卫星和更换失效卫星的组件，这不仅可以节省费用，还能缩短研制周期和提高使用率。航天飞机曾5次在轨维修"哈勃"空间望远镜，使这一价值连城的太空巨眼多次"焕发青春"，功能不断增强，寿命大大延长。

5 有利有弊

航天飞机实现了两大类应用，一类用于基础科学的研究，如进行天文学、生命科学、物理学、行星科学和其他技术领域的基本理论研究，其典型就是用可装载 30 吨货物的货舱多次装载欧洲"空间实验室"进行科学实验；另一类用于科学技术的实践，如进行地球观察、通信和导航、材料和工艺的试验等。

链接： 美国的 5 架航天飞机共发射了 135 架次，运送了 1750 吨货物，乘坐过航天飞机的航天员达 355 人，共计 852 人次。有 16 个国家的航天员参与过航天飞机的飞行任务；共有 2000 多个生物等领域的实验在航天飞机上完成。航天飞机先后 9 次与俄罗斯和平号空间站交会对接，37 次与"国际空间站"交会对接。

然而，大量实践证明，虽然航天飞机功能强大，但其有两大软肋。

一是它十分昂贵，每次发射的费用高达 4 亿 ~ 5 亿美元，这还不计入分摊的设计制造成本。30 年来，航天飞机共耗资 1960 亿美元，一共发射 135 架次，平均每次发射高达 15 亿美元，这主要是因为返回地球以后要进行大量的维修工作。

二是它十分危险，5 架航天飞机飞行了 135 架次就损失了 2 架，牺牲了 14 名航天员，相当于每 67 次飞行就有一次失事。如果按单位里程的死亡率计算，航天飞机的危险性比喷气式飞机高约 138 倍。这主要是由于航天飞机体积庞大、外形复杂、人货混运，约有 250 万个零部件和 3500 个分系统，且没有逃逸救生系统，只要有一个关键系统出现问题，就可能导致机毁人亡，所以它并不安全。

1986 年 1 月，美国"挑战者号"航天飞机在发射升空后不久爆炸

链接： 由于航天飞机的设计存在先天不足，对其改进只能是工艺上的，无法解决根本问题，其安全性和经济性都远低于载人飞船，因此美国的航天飞机不得不在 2011 年提前退役了。

如何控制载人航天器的舱内温度？它在返回时可采用哪种防热措施？

载人航天器每 90 分钟绕地球一圈，它在地球的光照区会受到太阳强烈的照射，但飞行到地球的阴影区时，表面温度又会变得很低。因此，载人航天器内都装有温度控制分系统，使得舱内温度适宜航天员生活和工作。

 1 热的传递

我们知道，热量有热辐射、热传导和对流三种传递方式，而温度是通过热量的传递来调节的。所以，只有通过调节热量传递才能控制载人航天器舱内的温度。

众所周知，在阳光照耀下人会感到很暖和，这就是热辐射的结果。热辐射是指处于一定温度下的物质发射热量，热量通过电磁波传递出去。与依靠传导或热对流需要介质才能传递热量不同，热辐射不需要介质。所以，在没有大气层的太空中，主要通过热辐射来传递热量。

热传导是指一种把热沿着物理介质从温度高的一端向温度低的一端传递。不同材料热传导的能力是不一样的，作为物理介质的材料两端温差越大、横截面积越大、热传输的距离越短，单位时间内传导的热量就越多，导热也就越快。在设计载人航天器的温度控制分系统时，通常巧妙地采用这种热量传递方式。

飞船所受热辐射

对流指的是流体（气体或液体）内部由于各部分温度不同造成相对流动而实现热量传递的过程。流体中较热的部分上升，较冷的部分下降，循环流动，互相掺和，最终使温度趋于均匀。对流是流体的主要传热方式，可分自然对流和强迫对流两种。水壶煮水是自然对流，夏天用风扇降温是强迫对流。

链接： 由于载人航天器处于真空、低温的太空环境中，所以在舱外主要通过热辐射来传递热量。因为舱内是微重力环境，流体的对流现象消失，因此只能用风扇进行强迫对流。另外，太空属于低温环境，物体的热量辐射到宇宙空间后，几乎没有任何反射。由此可见，载人航天器的温度控制分系统要比地球上的飞机、舰船和车辆的温度控制分系统复杂得多。

2 热控方式

载人航天器乃至所有航天器的温度控制是靠其上的温度控制分系统，也叫热控制分系统来实施的，有被动式热控制和主动式热控制两种方法。

被动式热控制方法就是用多层隔热材料、热控涂层、热管和相变材料等热控材料，进行航天器内外的热交换。这种方法比较简单、可靠、成熟，不需要消耗能量，只需要在载人航天器的内外表面及仪器设备上采取相应的措施就可以达到一定热控制的目的，但其本身没有自动调节温度的能力，热控能力有限。

主动式热控制方法就是用热控百叶窗、通风换热技术、可控热管、主动电加热、热开关、主动流体回路技术等，在载人航天器内外热源状况发生变化时，用主动加温或降温的方法使航天器内的温度保持在指定范围内，这类似于家庭用的空调，热了吹冷气，冷了送热风。与被动式热控制方法相比，主动式热控制的控制精度较高，具有较强的适应内外热流变化的能力，但技术比较复杂，需要消耗能量。

载人航天器一般以主动式热控制为主，被动式热控制为辅。例如，为减少载人飞船与外部环境的热传递，飞船在金属外壳之外"穿"了一身特制的"保温衣"。它是具有极好的隔热性能的多层隔热材料，这种材料由多层反射屏和间隔层叠合在一起，且层数的多少可以根据需要进行选择，日常生活中使用的暖瓶利用的就是这个原理。这属于被动式热控制方法。

载人飞船上的百叶窗

多层隔热材料

链接： 由于绕地球飞行的载人航天器一面面对太阳，另一面背对太阳，所以舱壁受热不均匀，为防止出现高温面和低温面，除用多层隔热材料对热流通道进行保温外，飞船还需要有效地导通热流通道，以加快热量传递，使热量在舱壁内快速流动，可以采用热管来完成，这也是一种被动式热控制方法。

---

3 主动调温

主动式热控制方法就是给载人航天器生"炉子"、装"空调"，给怕冷设备包上"电热毯"，让怕热设备坐上"冷板凳"，收集和传输分散在载人航天器内部各个部位的设备和空气中的热量，在合理调配和充分利用之后排散到外部空间，并对整个过程进行控制，从而使舱内的空气温度和湿度保持在适宜的范围内。

我国为"神舟"飞船设计了类似冰箱制冷系统的流体冷却回路，它贯穿整个飞船，由管路和管路内的冷却工质、安装在设备下面用来收集设备热量的冷板、密封舱内用于调节空气温湿度的冷凝干燥器和飞船尾部排散热量用的辐射器组成。冷却工质在泵的驱动下在管路内始终不停地循环流动，把沿途收集来的热量带走，如流经设备下面的冷板时，就把设备产生的热量吸收并带走。

载人飞船热控装置

链接：冷凝干燥器用来调节航天员生活舱内的空气温度和湿度，它排出的热量由流经的冷却工质收集并带走。最后，所有收集来的热量通过一个热交换器传输给飞船尾部的辐射器，由辐射器排散到太空的深冷空间。

载人航天器内的热量是随着航天员的活动方式和设备的工作模式而发生变化的，是不稳定的。为使航天员生活舱内的空气温度波动较小和舱内设备的工作温度稳定，要用热控制分系统来调节温度，它由温度传感器、压力传感器等和回路中的各种阀门及热控控制单元组成。控制单元根据传感器传来的各处的温度数据，控制回路上阀门开启的大小，从而调节管路中冷却工质的流量，当舱内热量增多时，阀门开大，流量增加，冷却工质所带走的热量增多，温度仍可保持在设定的范围内；反之，则减小流量，减少热量的排散。同时，可以通过压力传感器实时监测关键设备，如泵、阀门等的工作情况，以及时发现故障并进行备份设备的切换。

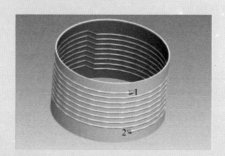

辐射器外形图。它是一个圆柱面，套在载人飞船推进舱外。
图中，"1"为流体管的进口；"2"为流体管的出口

此外，也可通过在舱外安装一个电动百叶窗单独调节舱内的热量。它根据舱内温度传感器测得的温度自动调节百叶窗叶片开启的角度。

 4 防热措施

载人飞船或航天飞机在完成轨道飞行任务再入大气层时，与大气层摩

擦，会产生上千摄氏度的高温，如果不采用特别的防热措施予以防护，它们在穿越大气层时将被烧毁。根据防热层的不同防热机理，目前的载人航天器有烧蚀、辐射和吸热三种防热方式。

烧蚀防热方式使用的特制防热材料是烧蚀材料，它是通过熔化自身来带走热量的，这与夏天用冰块降温的原理一样，即物质由固体状态变为气体状态时都要吸热。载人飞船一般采用这种防热方式，即在飞船的返回舱外部覆盖耐高温的低密度烧蚀材料，因为这种方式简单、可靠，但一般不能重复使用。在载人飞船再入大气过程中，严重的气动加热会产生高温，飞船外部的烧蚀材料在外界气动加热环境中会发生一系列物理变化和化学反应，即一边烧蚀一边将大部分热量带走，使传入飞船承力结构的热量很少，从而保证舱体不会被烧毁，并保持飞船内部有合适的环境温度。

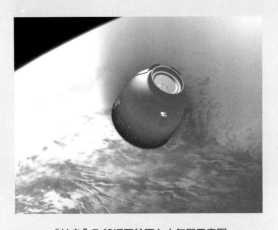

"神舟"飞船返回舱再入大气层示意图

链接： 我国新一代载人飞船返回舱将可以重复使用，从而能大大降低飞船的成本。其采用金属结构与防热结构分开的设计方式，返回后只需要更换防热结构即可，金属结构和舱内设备能重复使用。

美国的航天飞机采用辐射防热方式，就是在空间飞行器表面装防热瓦，利用防热瓦表面的高辐射特性，主要以辐射散热方式将大部分气动热散发到舱外。这种防热方式最大的优点是可重复使用，但可靠性差，因为防热瓦易碎。2003 年，哥伦比亚号航天飞机就是因为在起飞时遭到外力撞击，结果导致防热瓦上出现裂缝，使得超高温气流乘虚而入，最终造成航天飞机解体。

返回舱返回后防热材料的烧蚀状态

吸热防热方式就是利用包覆在返回舱结构外面的防热层，吸收大部分气动热。防热层采用热容量较大的材料，这层材料吸收返回舱表面的大部分气动热，从而使传入结构内部的热量减少。铍合金、铜和石墨是典型的吸热材料。这种防热形式简单可靠但效率不高，是最原始的防热方法，现在很少采用了。

载人航天器上的电源有几种？载人飞船、航天飞机与空间站的电源有什么不同？

电源对于任何载人航天器都是必不可少的。目前，载人航天器上采用的电源主要有太阳电池、蓄电池、燃料电池。在无人航天器上还可以用核电源。采用太阳电池能减小载人航天器的质量，延长其工作寿命。但当载人航天器进入地球的阴影区，照不到太阳的时候，太阳电池就发不出电了。因此，太阳电池必须与蓄电池一起组成太阳电池翼-蓄电池组电源系统，才能保证载人航天器连续正常工作。核电源虽然具有寿命长、功率大等优点，但由于存在辐射的危害，很不安全，价格昂贵，所以目前不用于载人航天器。

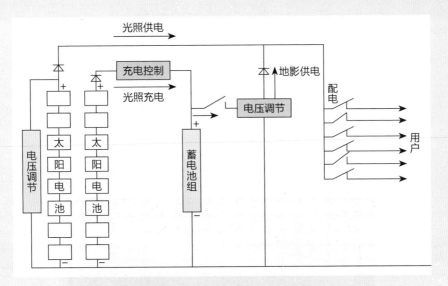

光照供电

充电控制

光照充电

地影供电

配电

用户

电压调节

电压调节

太阳电池

太阳电池

蓄电池组

太阳电池翼－蓄电池组电源系统原理图

1 电源概述

由于需求不同，所以不同的载人航天器采用的电源形式有很大差异。例如，空间站用电量大，在轨飞行时间长，就需要发电功率为几千瓦到几十千瓦的大型太阳电池翼；载人飞船和航天飞机用电量小，在轨飞行时间短，所以用小型太阳电池翼或燃料电池就行。其中，载人飞船的电源功率比一般人造地球卫星大，但工作时间短，所需总瓦时数小，用太阳电池和化学电池供电。

在我国天宫一号目标飞行器和天宫二号空间实验室的资源舱外，安装了由 4 块太阳电池板组成的太阳电池翼。这与"神舟"飞船有多个不同之处。例如，天宫一号目标飞行器在国内首次采用了半刚性太阳电池翼，展开后宽约 18.4 米，太阳电池翼的发电效率高达 27% ~ 28%，因而功率比"神舟"飞船的大，为 3 千瓦；其工作电压采用 100 伏，而"神舟"飞船的工作电压为 28 伏，采用高压电源可以使传输电力的损耗减小，发热也少；首次应用的低轨长寿命高充放电倍率氢镍电池组拥有自主知识产权，整个电源分系统的质量比飞船的减小了 40%，一年充放电可达 5500 次，充放电效能高达 70%。

链接： 2017 年升空的天舟一号货运飞船在国内首次使用了低轨高压大容量锂电池，标志着我国空间电源走向锂电时代，为日后的空间站充电电池研制打下了基础。其使命从天舟一号飞船待发段转内电开始，同时在飞船进入阴影区时提供整个飞船所需的全部电能，在光照区储存电能，并通过电池放电补充负载的峰值功耗。

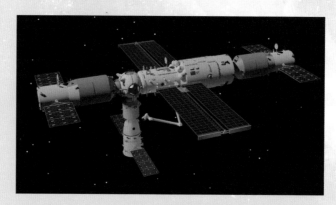

神舟十三号与"天宫"空间站核心舱径向对接示意图。核心舱前向和后向对接的分别是天舟二号和天舟三号货运飞船。每个空间飞行器都装有太阳电池翼

我国"天宫"空间站的 3 个舱都采用大面积可展收柔性太阳电池翼。与传统刚性、半刚性的太阳电池翼相比，它体积小、展开面积大、功率质量比高，可为空间站提供 72~27 千瓦的电能；全部收拢后只有一本书的厚度，仅为刚性太阳电池翼的 1/15。2022 年发射的 2 个空间站实验舱各装有 2 对共 4 个柔性太阳电池翼，每对展开后宽约 50 米。

2 细说神舟

我国"神舟"飞船配置有主电源、应急电源、返回电源、火工品电源、配电器及电缆网等。

在推进舱上装有一对主太阳电池翼，为主电源，每个翼由 4 块太阳电池板和 1 个安装支架组成，发射时收拢、压紧在舱壁上，飞船入轨后解锁、

释放、展开，由驱动装置转动太阳电池翼捕获太阳光并进行跟踪、定向，使太阳电池翼受光面与太阳光垂直。当飞船飞行在光照区时，太阳电池翼将太阳能转换成电能，一部分经配电器分配给仪器设备使用，另一部分为蓄电池充电。当飞船飞行在阴影区时，镉镍蓄电池由放电控制器升压，经配电器将电能分配给仪器设备使用。

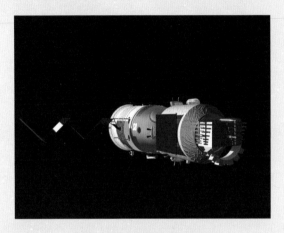

神舟三号飞船展开太阳电池翼

应急电源包括 2 组银锌蓄电池，设置在推进舱内，是主电源的备用电源，在主电源出现故障时与主电源无故障部分并网，为飞船提供至少飞行6 小时所需要的电能。

返回电源采用银锌蓄电池，设置在返回舱内，在推进舱与返回舱分离前与主电源并网，负责为飞船提供返回段和着陆后所需要的电能。

火工品电源是飞船上火工装置的专用电源，由火工控制装置通过独立的火工母线为火工装置供电。火工品电源采用高倍率银锌蓄电池，为提高供电的可靠性采取电池组备份，分设在返回舱和轨道舱内，每个舱都设有两组电池。

链接： 由于我国神舟二号到神舟六号飞船在返回舱返回地球后，轨道舱还要留轨利用，所以这几艘飞船还有留轨电源，即在轨道舱上也装有太阳电池翼。此后的"神舟"飞船的轨道舱不再进行留轨利用，所以轨道舱没有太阳电池翼。

神舟一号到神舟五号飞船的外形。神舟一号因返回舱没有留轨利用，
所以轨道舱上的太阳电池翼没有展开

随着技术的不断提高，从神舟八号飞船开始，飞船推进舱上的太阳电池翼发电能力由原来的 1.2 千瓦提高到 1.8 千瓦。其太阳电池翼总面积为 24 平方米。

3 不同之处

由于空间站体积庞大，科学实验柜多，在轨运行时间长，所以其电源与载人飞船电源系统有很大的不同。例如，空间站的电源系统要求能工作 10 年以上。

空间站电源要求功率强大，因此要装超大型太阳电池翼。"国际空间站"上有 4 对共 8 个可灵活展开的太阳电池翼提供电源，每个由 32800 块太阳电池板组成，每块面积为 8 平方厘米。每对太阳电池翼的翼展为 73.2 米，宽 12 米，整个太阳电池翼的总面积达 3000 平方米，功率为 110 千瓦。每个太阳电池翼配备 6 块镍氢蓄电池，每块电池的容量为 81 安·时，用于在阴影区供电。

空间站电源的配电复杂。因为空间站的舱段多而长，用户对供电要求也不一样，有的需要直流电，有的需要交流电，有的需要 100 伏电压，有的需要 28 伏电压，所以为了减少用户间的相互影响，一般采用分散配置的办法，即用 100 伏统一供电，然后由用户变换成自身所需电压。

"国际空间站"上装有巨型太阳电池翼和大型散热板

例如，"国际空间站"上有两个互连电源系统，即美国段的 124 伏系统和俄罗斯段的 28 伏系统，两个系统在通常状态下是相互独立的，但通过直流变换器互连后，允许电力双向传输。美国段电源系统是一种分配电源系统，即在局部区域（太阳电池翼）产生电源，然后分配给各个舱使用。俄罗斯段电源系统采用本地化体系结构，多功能舱和服务舱都具有独立的电源系统，产生、存储和消耗各自的电能。

"国际空间站"的太阳电池翼由航天飞机运至空间站，再由航天员出舱进行装配，花费几年时间才完全建成。它吸取了俄罗斯和平号空间站的经验，不是每个舱段都装有太阳电池翼，从而造成相互遮挡，使和平号供电严重不足，而是把巨大的太阳电池翼装在上百米的桁架上进行集中供电。

俄罗斯和平号空间站的每个舱都有太阳电池翼，从而造成相互遮挡

4 如何延寿

就目前的技术来讲，即使最先进的太阳电池和蓄电池，其寿命也达不到空间站的要求。一方面，空间辐射会使太阳能电池的透明玻璃变黑老化，阻碍阳光的进入，而且不时还会有碎片掉下来，使其发电能力不断下降；另一方面，空间站一般用100伏以上的电压输电，这有利于降低输电线路的能量损耗，但在低轨道等离子体环境中，容易发生电弧放电，烧毁太阳能电池板，所以要采取防护措施或定期在轨更换。为此，在设计太阳电池翼和蓄电池的结构时要考虑到便于航天员或机械臂操作进行在轨更换。

2021年，美国用"载货龙"飞船为"国际空间站"送去2个太阳电池翼，以改善"国际空间站"供电系统。为此，航天员在空间站外进行了两次太空行走，在现有的2个太阳电池翼上安装了新的太阳电池翼。此后，美国还通过两次发射，对"国际空间站"的太阳电池翼进行了更换升级，这是"国际空间站"在2011年完成大规模组装以来进行的规模最大的一次中期升级。6个新的太阳电池翼，再加上前几次日本货运飞船送到"国际空间站"的24块新的锂离子电池，有助于确保"国际空间站"的电力系统能够坚持工作到2030年。

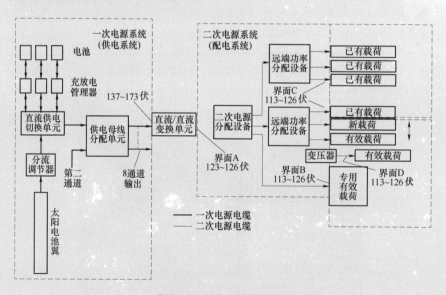

"国际空间站"电源系统框图

由于对接在空间站上的多艘载人飞船和货运飞船自身也有太阳电池翼，这就需要空间站把各舱段的电源系统联网统一调配电力。例如，"神舟"飞船停靠在"天宫"空间站的核心舱时，飞船上的电压要由 28 伏变换成 100 伏，或空间站的电压从 100 伏变换成 27 伏，飞船和空间站才能联网调配电力。

链接：美国航天飞机、"阿波罗"载人登月飞船没有使用太阳电池翼，而是用氢氧燃料电池。这种电池是按电化学原理等温地直接将化学能转化为电能的发电装置，实际转换效率可达 50% ~ 70%。用燃料电池发电不受光照的限制，避免了大面积太阳电池翼受大气阻力而降低航天器速度的影响，可减少推进剂的消耗，但因为燃电池以氢和氧为燃料，工作时间越长，需要的燃料就越多，所以只适合短期载人航天飞行。美国目前使用的"载人龙""猎户座"等新一代载人飞船都采用太阳电池作为主电源。

依靠电池供电的美国航天飞机轨道器着陆后开启减速伞帮助轨道器减速

载人飞船为何装多台发动机？空间站和航天飞机都装了哪些发动机？

与汽车、飞机和轮船一样，载人航天器也装有发动机，由于它是在宇宙空间飞行的，所以发动机的种类多、数量多，以便载人航天器进行变轨和调姿。

1 自带氧气

载人航天器上所使用的发动机与地球上使用的发动机有很大区别。因为太空中没有空气，所以载人航天器要自带氧化剂和燃烧剂（推进剂），燃烧气体和分解气体通过发动机的喷管喷出产生推力。该推力来自其携带推进剂能量的转换，先由化学能转变为热能，再转换为动能，从而为载人航天器轨道机动和姿态控制提供动力。

依据载人航天器所带推进剂的种类多少，推进系统可以分为单组元（一种推进剂）和双组元（两种推进剂）两种。

单组元推进系统相对比较简单、可靠，但推力与每秒消耗的推进剂总质量流量之比（比冲）较双组元推进系统要差一些，因此主要用于推进剂总量不大、对比冲要求不高、寿命一般在 5 年以下的载人飞船的返回舱等。它采用的推进剂有无水肼和过氧化氢两种，工作时，推进剂发生分解反应，分解成低分子量的气体，同时释放出大量的热，产生的燃气温度在 1000℃上下。由于释放的能量不高，所以比冲较低。

无水肼的比冲高于过氧化氢，对杂质的敏感程度也低于过氧化氢，且使用经验比较丰富，所以被广泛使用。尤其是肼分解发动机，它由一个控制阀门和推力室组成，可将单组元推进剂分解并释放能量，最后转换成航天器需要的动能。由于比冲较低，这种发动机多用于对性能要求不高的姿控发动机。"神舟"飞船的返回舱姿控发动机采用肼分解发动机。不过，无水肼的毒性高于过氧化氢，俄罗斯"联盟"系列飞船的返回舱推进剂使用过氧化氢。

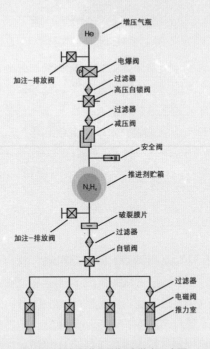

单组元液体推进系统气液供应示意图

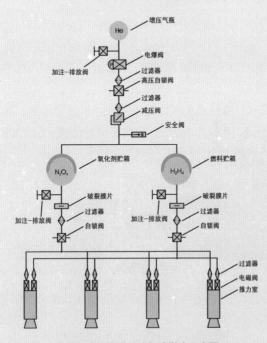

双组元液体推进系统气液供应示意图

链接： 双组元液体推进系统采用燃烧剂和氧化剂两种推进剂。常用的燃烧剂有偏二甲肼和一甲基肼，常用的氧化剂有硝酸和四氧化二氮。工作时，双组元液体推进系统的碳氢燃料与氧化剂发生剧烈化学反应（燃烧）并产生高达 3000℃ 以上的由二氧化碳、水等组成的热燃气。

2 神舟动力

先说说我国"神舟"系列飞船上的发动机吧，总共有几十台发动机，按要求分布在飞船的 2 个舱里，从而组成不同用途的独立推进系统。

飞船的飞行轨道要通过发动机由椭圆形变成圆形；为了与空间站交会对接，飞船也要用发动机多次变轨；返回地面时，还需通过火箭发动机向与飞行相反的方向喷气把飞行速度降下来。这些任务都使用推力大一点的主发动机来完成。

另外，飞船的飞行姿态是用推力较小的发动机来控制的。当飞船在太空中围绕地球飞行时，为了使航天员的生活和工作少受影响，飞船要像飞机那样以纵轴线平行于地球表面飞行，因此要对飞船的飞行姿态进行控制，防止它出现翻滚。

"神舟"系列飞船推进舱采用双组元液体推进子系统，其上共有 28 台发动机，其中包括 16 台推力为 25 牛的姿控发动机、8 台推力为 150 牛的姿控发动机、4 台推力为 2.5 千牛的轨控发动机。

早期"神舟"飞船推进系统发动机安装布局

其返回舱采用肼分解推进子系统，共有 8 台推力为 150 牛的姿控发动机。因为返回舱在返回地球的飞行过程中要再入大气层，这时的飞行姿态会变得不稳定，为了防止返回舱出现翻滚，对返回舱要进行飞行姿态控制，这样还可以使返回舱比较精确地降落在要求的地点，这两项任务都由返回舱上的发动机来完成。

其实，飞船上的发动机还有其他功能。例如，在火箭发射段抛整流罩前的应急救生情况下，为返回舱在从逃逸飞行器中分离后的飞行提供控制的动力。

从神舟八号开始，由于飞船具有交会对接功能，所以增加了 8 台平移发动机和 4 台反推发动机，这样可使飞船向前、平移和后退，对接时运行更自由，同时可提供紧急避撞的动力，可及时返回或撤离。

"神舟"飞船推进舱尾部的 4 台主发动机

3 按需配备

与"神舟"飞船相比，由于天宫一号目标飞行器和天宫二号空间实验室不执行天地往返运输服务，所以其资源舱在尾部和侧壁只装有 2 台 490 千牛轨控发动机、几台 150 牛备用发动机和多台姿控发动机等装置，进行姿控、变轨和制动。

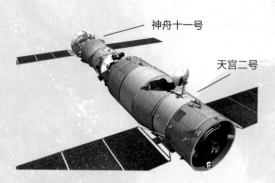

天宫二号与神舟十一号组合体示意图。天宫二号尾部只有 2 台主发动机

链接： "天舟"系列货运飞船上共配有 25 牛、120 牛、150 牛、490 牛 4 种不同推力量级的 36 台发动机，可使"天舟"货运飞船在轨飞行速度达到子弹飞行速度的 8 倍，实现"俯仰有度，动静自如"。

　　2021 年升空的"天宫"空间站核心舱的推进系统比上述都复杂，因为超长时间的在轨工作需要大幅度提升冗余度，从而确保其飞行安全。其创新之一是，核心舱推进系统除配备了 4 台轨控发动机、22 台姿控发动机这些常规动力装置外，还额外配备了 4 台 20 千瓦大功率霍尔电推进发动机。由于电推进发动机的效率是化学能发动机的几倍，具有推力小、精确调整、工作时间长的特性，能"细水长流"地发挥作用，辅助空间站抵抗轨道衰减，所以能有效节省核心舱自带推进剂的消耗，维持空间站在原定轨道上正常运行。

　　国外载人航天器的推进系统也各有特色。例如，俄罗斯的联盟 –TMA 飞船，主发动机推力为 3920 牛，主发动机推进剂为二氧化二氮 / 偏二甲基肼，主发动机推进剂质量为 900 千克，飞船总速度增量为 390 米 / 秒；由"联盟"改进的"进步"货运飞船主发动机推力为 4089 牛，主发动机推进剂为硝酸 / 肼，主发动机推进剂质量为 500 千克；在其基础上改进的进步 –M 的主发动机推力为 6197 牛，主发动机推进剂为四氧化二氮 / 偏二甲肼，主发动机推进剂质量为 900 千克。

中国空间站核心舱使用的霍尔推力器

4 其他型号

美国航天飞机轨道器尾部装有 3 台主发动机，每台推力为 1752 千牛，总推力为 5255 兆牛，点火时间为 480 秒，比冲为 455 秒，推进剂为液氢和液氧。它们起到运载火箭的作用，用于把航天飞机轨道器送入太空。轨道器上还有 2 台轨道机动发动机，推力为 53.4 千牛，点火时间为 1250 秒，比冲为 316 秒，推进剂为 MMH/ 四氧化二氮。

美国航天飞机轨道器尾段装有 3 台主发动机和 2 台轨道机动发动机，
垂直尾翼竖立在尾段上方

位于苏联礼炮 1 号空间站尾部的服务舱装有 1 台单喷嘴机动变轨发动机（含 417 千克推进剂）、1 台双喷嘴备份发动机（含 411 千克推进剂）、4 台姿态控制发动机（每台含 10 千克推进剂），推进剂均为硝酸/肼。其中，机动变轨发动机的推力约为 420 千牛，可多次启动工作，总工作时间达 1000 秒以上。

礼炮 6 号、7 号空间站上的新型推进系统把姿态控制和轨道机动统一起来，无论是主发动机，还是姿控发动机，推进剂都采用四氧化二氮和 UDMH。早期用的涡轮系统也改为简单有效的挤压式输送系统，重新设计了内部回路、燃料管路等。2 台主发动机每台各带有 300 千克推进剂，32 台姿控发动机带有 14 千克推进剂。在礼炮 6 号、7 号空间站上有 3 个燃料箱和 3 个氧化剂箱。

链接： 为了简化设计，美国"天空实验室"空间站没有安装轨道机动系统，只有当"阿波罗"飞船同它对接后，才能利用飞船的发动机改变"天空实验室"的轨道。这就使得"天空实验室"灵活性较差，寿命也较短。

1998 年 11 月 20 日，"国际空间站"第一个舱——曙光号功能货舱升空。它装有 38 台用于机动和轨道控制的发动机，外表面还固定有 16 个推进剂贮箱，可装载 6 吨推进剂。

5 新的设计

美国新一代"载人龙"飞船采用了首创的新型发射逃逸系统。在猎鹰 9 号运载火箭发射过程中出现故障时，该飞船救生不使用逃逸塔，而使用自身装配的超级天龙座发动机系统进行发射逃逸，这种集成式发射逃逸方案的好处就是逃逸系统全程都在飞船上，让其具备全程逃逸能力，并避免了逃逸塔分离过程，简化了整流罩，所以能提高乘员安全性；且该逃逸系统能重复使用。

具体说来，"载人龙"飞船 4 个侧面分别装备推进器吊舱，每个吊舱都配有 2 台超级天龙座发动机。它仍采用冗余设计的理念，2 台 1 组，互为备份，每隔 90° 安装 1 组。在这 4 组 8 台发动机中，任何 1 台出现故障都不会对飞船产生显著影响。

"载人龙"飞船使用的超级天龙座发动机

超级天龙座发动机的推力可达 1.6 万磅，8 台发动机整合后的轴向推力达 12 万磅。它们能按需多次重启，并可深度节流，为航天员提供精确控制和推力，主要在着陆时使用，以满足飞船在陆地上软着陆的要求。

依靠在飞船外呈 X 形布置的这 8 台发动机，"载人龙"飞船可以在低空减速乃至悬停，并伸出 4 个支架降落在选定的任何地方，可以是草原或机场，甚至是楼顶一块小小的直升机停机坪。这一技术未来在火星任务中也可以体现出来，降落在火星上的飞船也需要较强的垂直降落技术。

"载人龙"飞船上的超级天龙座发动机点火试验

链接： 不同于以往的发射逃逸系统，飞船在发射后的前几秒才能弹射，"载人龙"飞船在发射期间遇到危险时，这8台发动机便会启动，将飞船推离猎鹰9号火箭，并抵达安全地带降落，即在火箭上升阶段的任何时刻都能逃逸。

航天员如何与地面人员通话？地面人员怎样知道返回舱着陆的位置？

载人航天器上的航天员与地面人员通话是通过载人航天器上的测控通信分系统进行的。该分系统提供载人航天器与飞行控制中心的信息传输通道。随着测控通信技术的发展，尤其是中继卫星星座的建成，航天员与地面人员通话由单向视频通话变为双向视频通话，由只能间断性通话发展为可以24小时实时通话。

1. 测控通信

测控通信分系统包括两部分：测控是载人航天器跟踪、测轨、遥测和遥控的总称，主要功能是为载人航天器的遥测、遥控、数据和话音传输提供可靠的通道，使地面人员能知道载人航天器的飞行轨道、飞行和工作状态，了解载人航天器分系统或部件的工作状态，并对其进行相应的控制，使其按照任务需要运行；通信是指载人航天器与地面人员之间的信息交流，包括获取载人航天器舱内外图像信息、航天员工作和生活图像，航天员与地面人员通话，以及其他形式的信息交流。

链接： 遥测功能可将载人航天器上各系统及设备的工作状况，如设备、环境、姿态等参数及航天员的脉搏、呼吸、血压等生理参数，进行采集编码，通过无线方式下行传输到地面站，以便对其实施正确的控制，对航天员的健康予以指导。通过遥控功能，飞行控制中心能通过地面站向在空间运行的载人航天器发送遥控指令，控制载人航天器的工作状态或运动状态。

对"神舟"飞船进行测控

　　我国"神舟"飞船的测控通信分系统是根据其任务需求，特别是载人飞行的特点进行设计的，与人造地球卫星的测控通信分系统相比，它有如下特点。

　　一是除部分继承人造地球卫星的测控技术外，它采用了统一 S 波段测控系统，也就是跟踪、测轨、遥测、遥控都采用 S 波段系统，并与我国建立的 S 波段航天测控网络衔接；采用了图像和话音实时数字化处理技术；采用了高倍率、高质量的数据压缩方案，节省了信道资源；采用了扩频通信技术，提高了系统抗干扰能力；采用了抗攻击能力更强的遥控和话音加密技术。

　　二是除完成跟踪测轨、遥测和遥控等与人造地球卫星相似的测控任务外，还配置了图像处理、话音通信、高速数据传输、着陆标位及力学参数测量等适应载人飞行的新功能。

2 初期发展

神舟五号载人飞船有两台摄像机：一台是固定位置的摄像机，无人飞行时对准仪表板，有人飞行时对准航天员座椅；另一台是航天员手持摄像机，能拍摄其他地方的图像。这两台摄像机可通过航天员手动进行切换，向地球传送不同的画面。有了图像的功能，飞行控制中心可以直观地观察航天员的面部表情、舱内环境和舱外的太空景象。

此后，相关设备不断改进。例如，神舟七号飞船共配置4台摄像机，包括返回舱和轨道舱内各1台，轨道舱和推进舱外各1台，根据拍摄景物、光照条件、拍摄距离和使用环境等因素，摄像机的参数略有不同。摄像机获取的图像经过图像编码器压缩编码后送至飞船数传子系统，在经过测控站时，数传设备将飞船的遥测数据、图像数据、话音数据等发送至地面站，地面站接收后再通过专线传送至飞行控制中心，从而使地面人员能够及时了解飞船和航天员的各种信息。

杨利伟在神舟五号舱内并列展示五星红旗和联合国国旗

航天员与地面人员通话是通过话音通信功能实现的。航天员能通过话音向地面人员报告飞船状态和航天员身体状况；在飞船进入紧急状态时，航天员可以接收地面人员的话音指令进行各项操作。

"神舟"在S频段，甚高频频段等频段都可以进行话音通信，为了防止有人蓄意干扰通信，还对话音进行了加密处理，以保证话音通信的安全。高频通信机除可以通话之外，还负责传输航天员的关键生理数据。

链接： 话音通信设备包括话音处理器和通信头戴（送话器＋受话器）两部分。它们完成下行话音的编码、加密等处理及话音信息的分配，以及上行话音的解密、解码、数／模变换及模拟话音的分配。其中，上行话音的处理是由统一S波段应答机来的信号中解调出数字话音信息，下行话音的处理由送话器拾取航天员的话音送至话音处理设备。

3 标位功能

　　"神舟"载人飞船的测控通信分系统还有标位功能。为了能够更加顺利地找到着陆的返回舱，在神舟五号飞船的返回舱上设置了三种无线电信标，只要其中一种信标发挥作用，都能顺利找到返回舱。

　　一种是着陆搜寻示位标，用来引导直升机上的定向仪，在飞船脱离"黑障"后就开始发送信号；一种是短波信标，发送固定频率的信号并传送导航卫星信息，引导地面搜寻车辆，既可指定方向，也可以指定具体经纬度；还有一种是国际救援示位标，定时向国际救援卫星发送脉冲信号，指示飞船的当地经纬度，再由卫星组织向我国交通运输部通报发出信号的位置。为保证快速找到飞船，还给航天员配备了一台手持的国际救援信标机，当返回舱落在搜寻区之外时，航天员可以通过它向外发送所在位置的信息。

　　为了能快速而准确地找到返回舱，保证整个任务的成功和航天员的生命安全，神舟十二号飞船使用了新研制的国际救援示位标（信标机），它集定位信息获取、数据处理、编码调制发射于一体，具有高定位准确性，可实现紧急状态下救援的可靠性和实效性。返回舱落地后，国际救援示位标会发射无线电信标信号，犹如大海中明亮的灯塔般指引着方向。这种信标信号符合国际通用标准，能够被遍布世界各地的全球海事卫星搜救系统所识别，从而确保搜救人员能够快速找到返回舱。

神舟七号表面测控通信分系统的部分部件

链接： 因为受载人飞船的外形限制和防热要求，飞船上的天线都因地制宜地设计成各种形状，有的像船上的补丁，有的像门把手，有的像炮管，甚至利用降落伞的伞绳、返回舱的舱门充当天线。它们在不同的飞行阶段起不同的作用，形成飞船上一道靓丽的风景线。

另外，由于神舟七号载人飞船航天员的主要任务是进行太空行走，所以在航天员出舱活动期间要使用出舱通信子系统。

4 站上通信

"国际空间站"测控通信分系统的任务是提供"国际空间站"上航天员间的双向话音和视频通信，包括舱外活动；提供"国际空间站"与休斯敦任务控制中心的飞行控制组及与地面的有效载荷专家间的双向话音、视频通信和文件传输；提供"国际空间站"与有效载荷操作中心的单向通信；接收休斯敦任务控制中心和轨道器发送的指令，通过飞行控制器操控"国际空间站"；向休斯敦任务控制中心和有效载荷操作中心发送系统和有效载荷的遥测数据。

从"国际空间站"传回的图像：一位法国航天员演示吃航天食品

　　测控通信分系统由内部话音子系统、S 频段子系统、超高频子系统、视频传输子系统、Ku 频段子系统、早期通信子系统共 6 个子系统组成。这些子系统协同工作，提供"国际空间站"各项任务所需的通信业务。其中，内部话音子系统用于"国际空间站"内部的话音通信，具有与外部连接的接口；S 频段子系统用于"国际空间站"系统传输话音、指令、遥测和文件数据；超高频子系统用于舱外活动和接近操作；视频传输子系统用于"国际空间站"内部的视频通信，也有与外部连接的接口；Ku 频段子系统用于有效载荷数据和视频业务的下行链路及双向文件传输业务。

　　各分系统通过 1553B 总线通信。S 频段子系统的 2.025 ～ 2.211GHz，用于下行链路，2.2 ～ 2.29GHz 用于上行链路；由两套完全相同的线路组成（S1 桁架和 P1 桁架上），两套设备互为备份。Ku 频段子系统的 10.7 ～ 12.2GHz 用于下行链路，14 ～ 14.5GHz 用于上行链路；提供 3Mbps 的前向链路码速率；包括一套线路（Z1 桁架上）；覆盖约 70%。

神舟十四号、十五号乘组于 2022 年年底在空间站会师后一起与地面人员通话

链接： 2021 年，我国"天宫"空间站的"天和"核心舱升空，航天员进入核心舱后，组装了舱内的无线 Wi-Fi 设备，建造了一个智能家居生活空间。通过中继卫星和核心舱上的中继天线，天上和地面网络连成一体，航天员能和地面人员、家人沟通，还能视频通话。

载人航天器是怎样返回的？返回时要闯几关？

　　在目前已有的 3 种载人航天器中，作为载人天地往返运输器的载人飞船和航天飞机是要载人返回地面的。返回过程很危险，已有 11 名航天员在返回过程中牺牲。航天飞机有"翅膀"，它采用飞机的滑翔方式在机场着陆。没有"翅膀"的载人飞船是沿弹道式或升力弹道式路径返回地面垂直着陆的航天器。

1 要过三关

　　对接在空间站上的航天飞机在返航前，航天员首先要关闭空间站与航天飞机之间的连接舱门；然后使航天飞机与空间站分离并驶离空间站；接着，航天飞机上的航天员要检查飞行控制系统、火箭喷射装置，并整理舱内仪器设备及再一次检测飞行轨道情况，开始准备返航。这时航天员还要进行清理工作，整理舱内散放的物品，重新装上任务专家的座椅，关闭不用的科学仪器的电源，穿上发射时穿的舱内航天服。

　　航天飞机的返航比发射更危险，因为在返回阶段目前尚无专用的系统援救航天员，主要靠备份系统来保证返回的安全，关键在于轨道器防热系统是否遭到破坏，它要闯过以下几关。

　　一是调姿变轨关，即先将航天飞机从运行姿态调整到返回姿态。其指令系统发出离轨信号，让航天飞机轨道器上的轨道机动系统发动机点火，使轨道器减速，脱离原来的圆轨道，

航天飞机轨道器的底部和侧面布满了防热瓦，工作人员正在检查轨道器上的防热瓦

转入约距远地点 300 千米、近地点 10 千米的大椭圆轨道。在此要确保航天飞机处于精确的返回姿态，进入 122 千米再入点向大气层再入，否则无法返回。

　　二是制动再入关，即再入大气层后，通过喷气操纵系统来调整航天飞机的偏转角和俯仰角，按大攻角姿态飞行以增加气动阻力，进行减速和控制气动加热，飞行攻角随飞行速度下降而逐渐减小。在着陆前 16 分钟，轨道器穿过 4 个 S 形转弯机动中的第 1 个，在前往跑道最后 4000 千米的航程中，轨道器通过这种曲线飞行进一步减速，4 个 S 形转弯的最后 1 个是在着陆前 5 分 30 秒，这时轨道器的速度仍是声速的 2 倍。

链接： 制动再入关是决定航天飞机能否安全返回最重要的阶段，关键在于轨道器能否抵挡住再入大气层时产生的 1000℃ 左右的高温。因为轨道器是铝合金做的，只能耐受 177℃，所以外表面敷有可重复使用的防热瓦，它能抵御轨道器再入时遇到的气动热。2003 年 2 月 1 日，美国"哥伦比亚号"航天飞机返回地面时在空中解体，致使机上 7 名航天员全部遇难，就是因为防热瓦出现了问题。

　　三是准确着陆关，即航天飞机从超音速变为亚音速进入滑翔飞行状态，最后在导航系统引导下寻找机场和着陆。这一关也很关键，因为这时航天飞机像一块没有发动机、只有翅膀的石头一样，只能靠无动力滑翔着陆，因此只许成功，不能失败，如果未对准跑道，就没有第二次机会了。如果像一般飞机那样出现放不下起落架等故障，也很危险，因为航天飞机的着陆速度为 340 ～ 365 千米 / 小时，需要的跑道长度为 3000 米。

2 四个阶段

　　载人飞船返回地面的技术较为复杂。下面以 2021 年 9 月 17 日我国神舟十二号的返回为例，介绍载人飞船是如何返回地面的。其返回可分为以下四个阶段。

　　第一阶段是制动减速阶段。要使飞船返回地面，就必须降低飞船的飞行速度，改变飞行方向，使其脱离原来的飞行轨道，进入下降飞行轨道。

　　具体过程是：神舟十二号飞船在太空中运行返回前的最后一圈时，地面站向飞船发出指令，飞船在 9 月 17 日 12 时 43 分调整姿态，相对前进方向向左偏航（逆时针转）90°，变成横向飞行状态；紧接着，飞船的轨道舱与返回舱以 1 ~ 2 米 / 秒的相对速度成功分离；12 时 44 分，返回舱与推进舱组合体向逆时针方向转 90°，使推进舱朝前，这是第二次调整姿态；12 时 45 分，飞船推进舱上的发动机点火工作，使组合体速度降低；12 时 47 分，制动结束，组合体顺利进入返回轨道。

"神舟"飞船轨道舱与返回舱分离示意图

返回舱与推进舱分离示意图

　　第二阶段是自由滑行阶段。进入返回轨道后，返回舱与推进舱组合体以无动力飞行状态自由下降。13 时 08 分，当返回舱与推进舱组合体高度降至距离地面 145 千米时，推进舱和返回舱分离，推进舱在大气层中烧毁，返回舱继续下降，并建立正确的再入姿态角（速度方向与当地水平面的夹角），准备再入大气层。这个角度必须精确地控制在一定的范围内，一般为 1.5° ~ 1.7°，因为如果返回舱的再入姿态角太大，返回舱在再入大气

层时会由于速度太快，而使最大过载超标，从而令人难以承受，返回舱甚
至会像流星一样在大气层中烧毁；如果再入姿态角太小，则返回舱会从大
气层边缘擦边而过，无法返回地面。

第三阶段是再入大气层阶段。神舟十二号飞船的返回舱在距离地面
100 千米时开始再入大气层。从再入大气层到 20 千米高度期间，返回舱通
过对飞船侧倾角的变化（配平迎角约为 20°）来实现返回升力控制，使返
回时的过载不大于 4g，而且可以比较精确地返回到着陆场。飞行高度约为
20 千米时，返回舱升力控制结束。

神舟十二号飞船返回舱调整姿态

第四阶段是回收着陆阶段。13 时 20 分，在距地面约 10 千米时回收
着陆系统开始工作。返回舱先打开伞舱盖，然后依次拉开引导伞、减速伞
和主降落伞。其中，减速伞可把返回舱的速度从 200 米 / 秒减至 60 ~ 70
米 / 秒；在返回舱距离地面 8 千米时，即 13 时 22 分打开主降落伞，把返
回舱的速度减至 5 ~ 6 米 / 秒。13 时 24 分，返回舱降到距地面约 6 千米
时抛掉返回舱的防热大底，以便露出返回舱底部的反推发动机。13 时 33
分，在距地面 1 米左右时，4 台反推发动机点火，使返回舱以 3 米 / 秒的
速度于 13 时 34 分软着陆，距预定落点仅 695.5 米。

3 回收秘闻

返回舱再入大气层时，航天员要坐在"倒座"上，航天员乘坐的座椅
方向是与返回舱的飞行方向相反的，这是因为返回舱在再入大气层的过程

中，由于空气阻力的作用，一直处于减速状态，采用"倒座"可以使航天员的头部和上身紧压在带有赋形垫的座椅靠背上，便于航天员承受较大的过载。

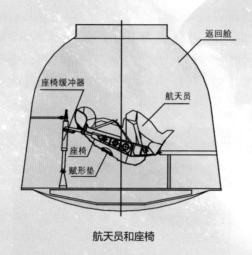

航天员和座椅

飞船上有回收着陆分系统，其任务是让返回大气层的返回舱通过降落伞系统稳定运动姿态、降低下降速度，最后采用着陆缓冲等手段保证航天员安全着陆。另外，在返回舱应急返回或在发射台上发生意外事故时，回收着陆分系统可保证航天员安全着陆。

该分系统还设有无线电、闪光标位器和海水染色剂等标位装置，使其着陆（或水上溅落）后能提供返回舱的位置信息，以便搜救人员迅速发现目标。倘若返回舱在海上降落，则要求在返回舱上设置防止海水灌入主伞舱的排水装置，使返回舱保持竖立漂浮姿态，以便航天员出舱。

回收着陆分系统的工作有几大特点：一是适应非常宽广的使用范围；二是程序和动作具有不可逆性和自动性；三是对其质量、体积、开伞动载、着陆速度及姿态等技术指标限制条件极其苛刻；四是技术复杂，新技术含量较高。

返回舱再入大气层后先是靠大气阻力减速，下降到约 10 千米高度时速度为 200 米 / 秒。此刻，为进一步减速，返回舱先后打开引导伞、减速伞，其中，24 平方米的减速伞先拉直，呈收口状态张满，以收口状态工作 8 秒后，切断收口绳，解除收口状态，减速伞完全张满，返回舱速度减至 60 ~ 70 米 / 秒。返回舱下降到约 8 千米高度时，引爆降落伞连接分离机构上的脱伞装置，使减速伞与返回舱分离，在分离过程中拉出 1200 平方米的主伞，主伞拉直后呈收口状态张满，主伞以收口状态工作 8 秒后，解除收口状态，主伞完全张满，返回舱呈单点吊挂状态下降，返回舱速度减至为 5 ~ 6 米 / 秒。在距地面 1 米左右时，4 台反推发动机点火，使返回舱以约 3 米 / 秒的速度软着陆，从而保证航天员着陆时的安全。

神舟十二号飞船返回舱在东风着陆场着陆

链接： 返回时采用多级开伞措施是为了逐步减速，防止返回舱在开伞时产生的开伞动载太大，航天员身体受不了，降落伞装置所需的结构强度在技术上也难以实现。降落伞先收口呈半张满状态，经过一段减速后再张满，也是为了防止"急刹车"，并能防止强大的气流把降落伞冲破。

"神舟"飞船采用 1200 平方米的主伞，主要取决于返回舱的回收质量和下降速度等因素。返回舱上还装有 760 平方米的备用伞，它是在主伞失效的情况下使用的。

4 着陆之后

载人飞船返回舱沿弹道式或升力弹道式路径返回地面，垂直着陆在某一个区域，而不像航天飞机那样在机场着陆，所以需要进行搜索救援。

在返回舱着陆后，其标位系统开始工作，指示自己所在位置，以使搜索救援系统及时发现目标。通过这些信号，搜救队会第一时间来到返回舱边。

一般先由返回舱处置人员检查返回舱，包括反推发动机推进剂是否有残留，用特制的 γ 射线源防护盖屏蔽返回舱底部的 γ 高度计的 γ 源，防止辐射给救援人员带来的危害。接着，打开返回舱舱门，医学监督和医学保障（简称医监医保）人员进入返回舱对航天员健康状况进行初步的医学检查和确认，在返回舱内协助航天员初步对地面重力进行再适应。航天员出舱后，返回舱处置人员还需要对返回舱再次进行安全处理，首先关闭返回舱电源，取出备用火工品，然后卸下 γ 高度计的 γ 源后存储于专用保护容器内等。

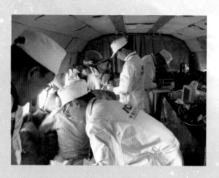

在着陆场执行医监医保任务的航天员医生

此后，在医监医保直升机或车辆内医监医保人员协助航天员脱下航天服，实施卫生清洁，更换内衣；对航天员进行体检，采集样本，收集生理数据；评价航天员的健康状况，给予必要的医监医保处置；送航天员登机并全程陪护。

5 副着陆场

从神舟十二号飞船起，我国"神舟"载人飞船返回舱都是在东风副着陆场着陆。此前，我国"神舟"系列飞船返回舱都是在内蒙古中部四子王旗主着陆场着陆。这是因为我国载人航天工程起步时，只研制了"神舟"飞船一种航天器。飞船的独立飞行时间只有 7 天，在这种情况下需要设置主备两个着陆场。我国进入载人空间站阶段，飞船大多数时间是停靠在空间站上面。如果着陆场天气不好，可以让飞船晚点返回来，所以就不需要设置主备两个着陆场。

另外，在空间站任务中，空间站的轨道高度会随着不同时间节点有一些变化，为节省空间站推进剂的消耗，这次没有为了飞船返回而调整空间站的轨道，所以飞船再入点不再是固定的了。东风着陆场面积是主着陆场的10倍，选择在东西跨度更大的东风着陆场着陆返回机会多，有助于着陆的成功。另外，"神舟"团队对返回轨道重新进行了适应性的设计，使载人飞船返回高度从固定值调整为相对范围，并改进了返回的算法，提高了载人飞船返回适应性和可靠性。

链接：空间站计划在轨运营至少10年，需要一支常态化应急待命搜救力量。东风着陆场离酒泉卫星发射中心比较近，在这里着陆能更好地依托酒泉卫星发射中心的人力资源和众多的测控、通信、气象、医疗、运输及各种后勤保障设施，充分利用很多有利条件。所以，只需要组建一支规模有限的专业搜救力量，就可以形成强大的搜救能力。从系统建设上来讲，在东风着陆场着陆经费投入比较少，维持效果比较好，而且随时可以形成强大的搜救能力。

不过，由于东风着陆场位于沙漠和戈壁上，也有山地等高凸或坑洼的地形，所以搜索救援难度比以前高，神舟十二号返回舱首次检验了东风着陆场的搜索救援能力。

6 搜索救援

在返回舱着陆过程中和着陆后，地面搜救救援工作也举足轻重。目前，我国一般采用"空中搜救航天员，地面处置返回舱"的模式，这样可以实现"快速定位、快速到达、安全出舱"。因此，着陆场搜救通常包括空中搜索和地面搜索救援回收两个部分。

空中搜索直升机一般配置5架：指挥机1架、通信机1架、医监医保机1架、医疗救护机2架，它们均安装了"北斗"卫星导航定位系统，动态信息可实时传回北京航天飞控中心，主要负责返回舱搜索和航天员救援。

救援直升机

　　搜索方式在空间上形成重叠的 3 个层次：一是远距离搜索发现目标，在返回舱出黑障前，用雷达对返回舱进行跟踪测量，预报着陆点位置；二是中距离搜索发现目标，在返回舱出黑障后，利用统一 S 频段测量设备跟踪测量返回舱至主伞的开伞点，直升机高频定向仪接收信标信息并跟踪返回舱至落点；三是近距离搜索发现目标，以着陆点的预报位置为中心，用直升机定向仪和车载高频定向仪搜索寻找返回舱。

链接：在直升机搜救航天员的任务完成后，返回舱的处理和运送任务就交给由指挥调度车、工程运输车、航天员运输车、返回舱吊车和载荷运输车等特种车辆组成的地面搜索回收车队，他们负责现场返回舱后续处置和回收，按预定程序进行现场相关处置，将返回舱和有效载荷运至附近火车站，经铁路转运至北京。

吊运返回舱

7 恢复疗养

航天员回到北京后要进行身体恢复，一般分为医学隔离期、医学疗养期和恢复疗养期三个阶段。

医学隔离期约为 14 天。航天员在航天员公寓内适应地球重力环境，提高心血管系统和支持运动器官功能，提高立位耐力，消除飞行后疲劳。

在隔离期内，航天员医生要对航天员实施医学检查，包括临床各科常规检查、立位耐力检查、平衡功能检查、人体成分分析、心血管调节与控制功能、人体功能状态检测等。重要检查项目要进行动态跟踪，实行检查与体质训练、恢复相结合，按照循序渐进的原则逐渐增大负荷。可以适当为航天员安排一些平衡训练、步行训练、医疗体操游泳、手法放松等。

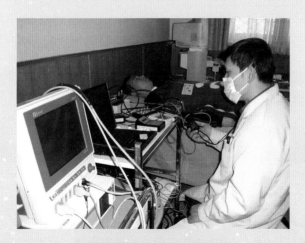

航天员医生对航天员进行医学检查

医学疗养期为 20 ~ 30 天。航天员将入住天气好、空气好的疗养院，在继续恢复健康的同时逐渐增加活动量。可安排航天员康复疗养，以进一步增强航天员体质，加强生理机能储备，提高防病抗病的能力，使航天员尽快恢复到飞行前状态。在疗养院可安排景观治疗、体能锻炼等恢复措施。

恢复疗养期大约 3 个月。在这期间，要将航天员各项生理参数恢复到飞行前的状态。3 个月后如果航天员身体情况良好，就可以开始正常的日常训练。

天宫一号目标飞行器有哪些用途？天宫二号与天宫一号有什么不同？

2011 年 9 月 29 日，我国天宫一号目标飞行器升空，发射天宫一号的主要目的是把它作为空间交会对接的目标，与此后陆续发射的神舟八号至神舟十号飞船分别与之交会对接，共同完成航天器空间交会对接飞行试验，使我国突破和掌握空间交会对接技术。另外，它还成为长期自主飞行、短期有人照料的简易空间实验室，进行了航天员空间驻留试验，以及组合体运行控制、载人空间站关键技术验证，进行对地遥感、空间环境和空间物理探测、空间科学实验、航天医学实验及空间技术试验。

1 四大重任

天宫一号主要担负四大任务：一是作为交会对接的目标，与飞船配合完成空间的交会对接任务。二是实现飞船和天宫一号对接完成后组合体的控制和管理。对接以后，组合体由天宫一号全面控制，如姿态、轨道的控制，能源、信息、热环境控制，舱内大气环境统一的控制，包括温度、湿度、舱压、氧气等载人环境。三是实现航天员的在轨驻留、生活和工作，为航天员提供在组合体内工作生活所需的基本条件，开展相关的实验，主要包括空间科学的实验、航天医学实验、再生式生命保障实验。四是进行空间技术试验，为未来空间站的建造进行先期的技术验证。

在交会对接任务中，天宫一号扮演着一个引导者和指挥管理者的角色，始终掌控着工作进度和进展。当拟与天宫一号对接的追踪飞行器——"神舟"飞船进入预定轨道，并开始搜寻天宫一号的"倩影"时，天宫一号会向对方发送引导信号，告诉对方"我在这里"，并始终给追踪飞行器提供引导信息。

一旦对接成功，"神舟"飞船停靠关机，转由天宫一号控制两个飞行器组合体飞行。如天宫一号要为"神舟"飞船供电，以补充飞船能源，这同时也是对将来空间站整个能源系统统一调配、统一管理技术进行试验验证。整个组合体的姿态和轨道也要由天宫一号来统一控制，因而控制质量提高了一倍，相当于从轻装上阵到负重前行，无论是指令还是遥测，双方都要重新适应。

装配天宫一号实验舱的密封舱

链接： 在每次组合体飞行任务结束后，天宫一号与"神舟"飞船分离。待"神舟"飞船返回后，天宫一号升轨到高度约 370 千米的近地轨道，转入长期在轨运行管理模式，开展空间科学与技术实验，并等待下次交会对接。

2 主要亮点

研制天宫一号目标飞行器是我国的一个创新，有三大优点：一是目标飞行器和载人飞船的成本差不多，但可支持多次交会对接，减少发射次数，要进行 N 次交会对接，发射 $N+1$ 次就可以。二是它可以提供人的访问、工作、生活的支持能力，在飞船和目标飞行器对接以后，人能进入目标飞行器里生活和工作一段时间，包括进行科学实验。三是可以验证空间站的一些技术，包括空间的平台技术和生保技术等，为未来空间站的研发打下比较好的基础。这样就既完成了此次任务，又兼顾了未来的发展，可谓一举多得，效益显著。

天宫一号目标飞行器由实验舱和资源舱组成。实验舱可满足 3 名航天员在舱内工作和生活的需要，资源舱负责提供动力和能源。

链接： 实验舱前端安装了通信设备、交会测量设备和对接机构，这是天宫一号与飞船联通的关键所在，用于支持与载人飞船实现交会对接。天宫一号与飞船对接后，对接机构可以形成直径 0.8 米的密封转移通道与密封舱相连。

吊运天宫一号实验舱

3 细说两舱

实验舱直径 3.35 米，包括前锥段、圆柱段和后锥段，是目标飞行器的控制舱，也是航天员的工作舱和生活舱，由密封舱和非密封舱两部分组成。前锥段、圆柱段是密封舱，可保证航天员的生存条件，能提供舱压、温湿度、气体等航天员基本的生存条件，用于航天员驻留期间在轨生活和工作，可满足 3 名航天员在舱内短期工作和生活的需要。后锥段为非密封舱，装有用于对地观测的遥感设备。

链接：舱内设了两个专用睡眠区。睡眠区内除了长方形睡袋，在舱壁上还贴有一个非常居家的挂袋，可供航天员存放细软小物品。舱内有一辆具备自动计量功能的脚踏车——功率自行车和可供航天员锻炼的横管，它们都设在睡眠区的一侧，被称为健身区。

10 余个用金属大扣包扎整齐的软包被整齐地固定在实验舱第 I 象限的舱壁上，这种金属大扣的奇妙之处在于固定性强且拆卸简易，一拉即开。每个大小不一的软包都有着各自的使命，它们"各司其职"地为航天员的"空居"生活保驾护航，负责安全的有防毒面具包、灭火器包等；负责生活的有清洁用品包、食品包、内衣包等；负责实验的有乘员设备包、工具包……

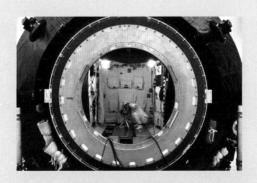

洞察天宫一号实验舱内部

天宫一号的资源舱为直筒构型非密封舱段，直径为 2.25 米。它与神舟飞船推进舱类似，舱外安装了由一对 4 块太阳电池板组成的太阳电池翼及直径约 1 米的中继卫星天线。舱内主要装有推进剂贮箱、镍氢蓄电池及环境控制气瓶等设备，姿态控制系统的 6 个控制力矩陀螺也装在资源舱。

首次应用的低轨长寿命高充放电倍率氢镍电池组，我国拥有自主知识产权。整个电源分系统质量比飞船减低了 40%，一年充放电可达 5500 次，充放电效能高达 70%。尾部和侧壁装有 2 台 490 千牛轨控发动机（还有 4 台 150 牛备用发动机）和多台姿控发动机等装置，为天宫一号提供能源和动力，进行姿态控制、变轨和制动。

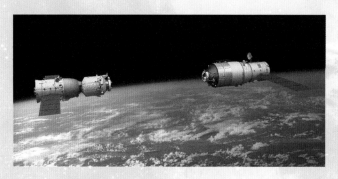

天宫一号与神舟九号飞船交会示意图

4 ➔ 使命不同

2016 年 9 月 15 日，天宫二号空间实验室升空。它是我国第一个真正意义上的空间实验室。它陆续与神舟十一号载人飞船、天舟二号货运飞船进行了交会对接，承担着验证空间站相关技术的重要使命。

天宫二号空间实验室是我国载人航天第二步第二阶段任务中第一个升空的航天器，主要完成三大任务：

一是接受神舟十一号载人飞船的访问，完成航天员 30 天的中期在轨驻留任务，考核面向长期飞行的乘员生活、健康和工作保障等相关技术；

二是接受我国首艘货运飞船天舟一号的访问，考核验证推进剂在轨补加技术，是我国第一个具备太空补加功能的载人航天器；

三是开展大规模空间科学和应用实验，以及在轨维修和空间站技术验证等试验。

链接： 天宫二号空间实验室是在天宫一号目标飞行器基础上研制的航天器，虽然它们外形相同，但承担着不同的任务。天宫一号作为目标飞行器，主要是和载人飞船配合完成空间交会对接试验任务；天宫二号空间实验室是我国首个具备补加功能的载人航天科学实验空间实验室，首次实现航天员 30 天中期驻留、首次应用推进剂补加技术、提前验证空间站技术，并开展大量载荷科学和应用试验。

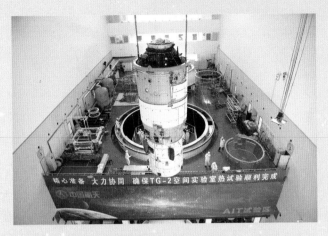

进行热试验的天宫二号

5 多个首次

天宫二号空间实验室任务实现多项"首次"验证：首次在393千米轨道自主飞行和交会对接；首次进行推进剂在轨补加任务；首次与载人飞船和货运飞船两种飞行器交会对接和组合体控制；首次在一艘载人飞船支持下实现2人30天中期驻留任务；首次开展人机协同的太空维修技术验证；首次开展大量国际先进的在轨试验。

为保持与天宫一号相同的质量，专家对设计方案进行了一些调整和改变。在乘组人数方面，减少了一位航天员，因为天宫一号和三号在生命保障系统方面可以支持60人天的舱内生存，即1个航天员在里面可以生存60天，2个人在里面可以生存30天，3个人在里面可以生存20天，所以为了完成中期在轨驻留任务，此次飞行只有2位航天员。在燃料方面，发射时携带的推进剂相比天宫一号要少一些，因为2017年和天舟二号货运飞船对接时，货运飞船可以补加。

天宫一号与飞船的对接高度约为343千米。为验证空间站技术，天宫二号与飞船的对接高度为393千米。

发射天宫二号是全面完成我国空间实验室阶段任务的关键之战，将为我国后续空间站建造和运营奠定坚实基础、积累宝贵经验，对于推进我国载人航天事业持续发展，具有十分重要的意义。

天宫二号空间实验室单独飞行示意图

🔗 ─────────────────────────────

链接： 同天宫二号一起升空的还有伴飞小卫星，它从天宫二号上释放出去，然后与天宫二号伴飞，开展联合试验。它搭载多个试验载荷，并具备较强的变轨能力，即开展空间任务的灵活性与机动性，在轨任务期间将开展对天宫二号－神舟十一号空间组合体的飞越观测等试验，即用高清相机拍摄航天器的对接状态，为空间飞行器交会对接提供直接的影像技术支持，并拓展空间技术应用。我国神舟七号载人飞船伴随卫星曾首次进行在轨拍摄大型航天器的试验，所使用的相机为 130 万像素，而天宫二号伴随卫星使用的是 2500 万像素全画幅相机，在分辨率和精细度上实现了新升级。

─────────────────────────────

天宫二号释放的伴飞小卫星拍摄的天宫二号与神舟十一号组合体图像

如何建造我国"天宫"空间站？它为什么采用"T"字构型？

2021年4月29日，我国"天宫"空间站的第一个舱段——"天和"核心舱送入太空。2022年7月24日和10月31日，我国又先后发射了"问天"实验舱、"梦天"实验舱与"天和"核心舱依次对接，从而建成了我国第一座国家级、国际性太空实验室的基本构型。

1 工程概览

2010年9月25日，中央批准实施空间站工程，共由13个系统组成。其主要任务是在2020年前后，建成和运营近地载人空间站，使我国成为独立掌握近地空间长期载人飞行技术，具备长期开展近地空间有人参与科学技术试验和综合开发利用太空资源能力的国家。

此后12年间，负责空间站抓总研制的航天五院始终秉承"独立自主、以人为本、兼容并蓄、持续发展"的设计理念，坚定不移地走中国航天独立自主的发展道路，实现了载人航天事业三步走的跨越式发展，中国空间站的论证、设计和建造充分展现了中国智慧、中国方案。

我国第一座空间站的建造没有走美苏先建造单舱式，再建造多舱式空间站的老路，而是直接建造采用积木式构型的多舱式空间站，达到世界第三代空间站的水平，并且实现了产品全部国产化，部组件全部国产化，原材料全部国产化，关键核心元器件100%自主可控。

链接： 天宫空间站建造思路：符合中国国情，有所为、有所不为；规模适度，留有发展空间；具有突出的中国元素和核心内涵；追求技术进步，充分采用当代先进技术建造和运营空间站，全面掌握大型空间设施的建造和在轨操作能力；注重应用效益，在空间站应用领域取得重大创新成果；追求运营经济性，走可持续发展的道路。

2022 年年底建成的中国空间站

"天宫"空间站工程目标：一是建造并运营近地空间站，突破、掌握和发展大型复杂航天器的在轨组装与建造、长期安全可靠飞行、运营管理和维护技术，提升国家航天技术水平，带动相关领域和行业的科技进步，增强综合国力。二是突破、掌握和发展近地空间长期载人航天飞行技术，解决近地轨道长期载人航天飞行的主要医学问题，实现航天员长期在轨健康生活和有效工作。三是建成国家太空实验室。发展具有国际先进水平的空间科学与应用能力，开展多领域空间科学实验和技术试验、空间应用，以及科普教育，获取具有重大科学价值的研究成果和重大战略意义的应用成果。四是开展国际（区域）合作，为人类和平开发和利用空间资源做出积极贡献。五是以在轨服务、地月和深空载人探测需求为牵引，试验和验证相关关键技术，为载人航天持续发展积累技术和经验。

2 总体方案

我国空间站命名为"天宫"，它采用以"天和"核心舱、"问天"实验舱和"梦天"实验舱三舱对接为基本构型。这三个舱每个质量都为 20 吨级，它们依次发射后，通过在轨交会对接和转位，形成水平对称的"T"字构型，即"天和"核心舱居中，"问天"实验舱和"梦天"实验舱对接于两侧。

其中，核心舱作为空间站组合体控制和管理主份舱段，具备交会对接、转位与停泊、乘组长期驻留、航天员出舱和保障空间科学实验等能力。

"问天"和"梦天"实验舱均为大规模舱内外空间科学实验和技术试验载荷的支持舱段。同时，"问天"实验舱还作为组合体控制和管理的备份舱段，并具备乘员出舱活动能力；"梦天"实验舱则具备载荷自动进出舱能力，用于货物的进出舱。

为了使航天器易于运动控制，航天器构型要保证主结构和质量分布尽量对称、紧凑，使航天器的质心居中，从而减少因姿态控制所消耗的能量。俄罗斯"和平号"空间站曾因对接了多个实验舱后而不对称，使其质心不居中，从而导致姿态控制消耗了较多能量。

中国"天宫"空间站基本构型的组成示意图

3 "T"字构型

中国空间站的三个舱采用水平对称"T"字构型有三个优点：一是能保证空间站质心居中，从而节省姿态控制所需的能量；二是能使装在两个尺寸、质量大体一致的实验舱末端的大型太阳电池翼，无论空间站以何种姿势飞行，都能照上太阳；三是两个实验舱的气闸舱分别位于"T"字一横的端头，因此在正常泄压或异常隔离时均不会影响其他密封舱段构成连贯空间，保证了安全性。

两个尺寸、质量特性大体一致的实验舱对向布置，形成"T"字的一横；利用每个实验舱自身近20米长的结构，结合各自资源舱末端配置的双自由度太阳电池翼驱动机构，两对大型太阳电池翼成为"T"字一横远端的两个"大风车"，无论空间站以何种姿势飞行，都能照上太阳从而获得高效的发电效果。

作为"T"字一竖的"天和"核心舱，在这个对称关系中仍然保持着前向、后向、径向三向对接的能力。后向对接货运飞船，使得组合体可以直接利用货运飞船的发动机进行轨道机动；前向、径向两个对接口不仅可以接纳两艘载人飞船实现轮换，而且可以保持正常三轴稳定对地姿态时两对接口都在轨道平面内，即可让载人飞船在轨道面内沿飞行方向和沿轨道半径方向直接对接，无须对接后再转换对接口。根据航天器的科学构型原则，中国空间站未来还可扩展"十"字形、"干"字形等扩展构型。

链接： 中国空间站以"天和"核心舱作为平台控制管理中心，对整站进行统一控制。"问天"实验舱备份了完整的能源管理、信息系统、控制系统和载人环境等关键功能，可以在核心舱故障时整体接管全站控制。针对核心舱失火、失压等重大故障情况，它还特别配置了一套完整的再生式生命保障系统和应急物资，以备航天员长时间在此等待地面故障处置和救援。"梦天"实验舱则具备关键功能的设备级备份，进一步提高系统安全性。针对航天员出舱活动安全性，"问天"实验舱配置主份气闸舱，"天和"核心舱节点舱作为备份气闸舱。在出舱过程中如果主份气闸舱出现问题，航天员能通过节点舱回到舱内，保证出舱活动的安全可靠。

4 "巡天"共轨

在发射了这3个舱之后，我国将在2024年发射与"天宫"空间站共轨飞行的"巡天"光学舱。它是2米口径的巡天望远镜，已规划的任务寿命是10年，通过维修可以不断延长寿命。这台望远镜的分辨率与美国哈勃空间望远镜相当，但视场角是哈勃空间望远镜的300多倍，可在大范围巡天科学研究方面大显身手，2025—2035年，它可能是在其工作的近紫外至可见光波段内能力最强的太空巡天望远镜，其设计指标在很多方面都是世界领先的。

这台望远镜采用离轴光学系统，安装了 5 台第一代观测仪器，包括巡天模块、太赫兹模块、多通道成像仪、积分视场光谱仪、系外行星成像星冕仪。其主焦面是由 30 块探测器拼起来的，每一块都比美国哈勃空间望远镜的探测器大，也具有更高的像素。

"巡天"光学舱在轨飞行艺术图

"巡天"光学舱如果在轨 10 年，可以对 40% 以上的天区，约 17500 平方度天区进行观测。它将用于研究天体形成与演化，包括恒星、星系、行星、黑洞及类星体等形成及演化规律；研究暗物质暗能量，通过引力透镜效应观测星系微弱变形效应；研究宇宙学，重构早期宇宙密度摄动。

5 三个阶段

"天宫"空间站建造和运行分为三个阶段：2021 年为关键技术验证阶段，先后发射"天和"核心舱和"天舟"货运飞船、"神舟"载人飞船各两艘；2022 年为在轨建造阶段，先后发射"问天"和"梦天"实验舱及"天舟"货运飞船、"神舟"载人飞船各两艘；此后至少 10 年为"天宫"空间站应用与发展阶段。

它又细分为两个小阶段：核心舱与天舟二号和神舟十二号的先后发射与对接为第一小阶段，在这个小阶段通过航天员 3 个月驻留，对空间站的关键技术进行了一个阶段性的验证，包括再生生保技术，大型组合体控制技术，还有出舱活动等关键技术。天舟三号和神舟十三号升空与核心舱对接为第二小阶段任务，在这个小阶段通过航天员 6 个月的驻留，进一步对空间站的关键技术进行了验证，包括核心舱完成了与天舟二号机械臂转位试验，还有遥操作交会对接试验。

链接： 在关键技术验证阶段先后发射了"天和"核心舱和2艘载人飞船、2艘货运飞船，在轨验证7大关键技术：空间站推进剂补加、再生生保、柔性太阳电池翼和驱动机构、大型柔性组合体控制、组装建造、舱外操作、在轨维修，为实施空间站组装建造和长期运营任务奠定坚实基础。

2022年4月29日，恰逢空间站核心舱入轨1周年，中国载人航天工程办公室在北京组织召开了《空间站任务关键技术验证阶段评估报告》评审会。

2022年空间站关键技术验证阶段，工程全线按计划圆满完成了长征五号B运载火箭首飞，核心舱、2艘载人飞船及2艘货运飞船共6次飞行任务。工程总体和工程各有关系统对关键技术验证阶段工作进行了全面系统的评估，认为航天员长期在轨驻留、再生生保、柔性太阳电池翼与驱动机构等8项关键技术得到了有效验证；核心舱在轨运行状态良好，功能性能正常，各项指标满足要求，具备支持空间站组装建造的条件；载人飞船、货运飞船和运载火箭功能性能和可靠性得到进一步考核验证，满足后续任务要求；航天员系统建立了有效完善的乘组选拔培训及航天员在轨健康、工作和生活保障体系，能够较好地支持后续任务实施；应用任务基础功能及关键核心技术得到在轨验证，具备开展空间应用和实（试）验能力；各地面系统满足空间站建造和长期运营的要求；工程初步形成了具有中国特色稳妥高效的空间站运行管理和组织指挥体系，具备实施后续任务的能力。空间站任务关键技术验证阶段任务目标已全部实现，工程各系统已准备到位，具备转入空间站建造阶段的条件。

在我国空间站组装建造阶段，航天员间断驻留空间站，辅助完成空间站的在轨组装。空间站组装建造完成后，航天员采用乘组轮换方式，连续不间断访问、照料空间站，开展空间站应用。

"天宫"在轨运行寿命不低于10年，通过维修维护延长使用寿命，预计可以工作15年。它能长期载3人，半年一轮换。每个乘组2～3人。由于轮换时间为6～10天，所以"天宫"空间站最多有6人。每个航天员乘组 2 ~ 3 人。包括 1 名航天驾驶员担任指令长，其余人员构成根据任务需要，由航天驾驶员、航天飞行工程师及载荷专家组成。

中国神舟十二号航天员首次站在核心舱舱外机械臂上

链接： 空间站在组装建造阶段，采用航天员间断驻留空间站的方式，访问、照料空间站，辅助完成空间站的在轨组装。空间站组装建造完成后，航天员采用乘组轮换方式，连续不间断地访问、照料空间站，开展空间站应用。

未来太空城是什么样子的？建造太空城有哪些方案？

考虑到未来发展，科学家现已开始研究如何建造太空城，其主要有三个目的：第一，地球日益人满为患，唯一的出路是向太空发展；第二，如果小行星撞击地球，可造成人类的灭绝，若人类在太空建造一座城市，就可能劫后余生；第三，建造太空城有利于利用太空资源，地球上的资源用完之后可以利用太空资源。另外，太空城还可作为旅游胜地等。

1 太空家园

太空城就是人类在太空建造的大型居住区，其规模相当于一个小城市或中等城市。太空城建好后，只要身体条件许可，谁都可以移居太空，当一名太空居民。不过到太空去不能只享受太空生活，还要完成一定的任务。太空城实际是一个超大型的太空宾馆，里面除了客房还有餐厅、酒吧、夜总会、超市、体育馆和游泳池等，太空居民的主要工作就是接待太空游客，让他们住好、吃好、玩好。因此未来太空城的常住人口可能不多，但是短期到太空城来旅游和休闲的人可能不少。

未来的太空城。一个大型太空基地像一座城市一样，可以容纳万人居住

太空城应满足以下要求：有足够的内部空间，能容纳 10 000 人在里面生活、工作和旅游；适宜于人居住，确保人的安全和健康，满足人的生理和心理要求；有可靠的防辐射屏蔽条件，以防止宇宙辐射对人体的危害；不影响产生人工重力；有利于降低造价，减少建设费用。

现已有多种太空城方案，有球形、圆筒形、环形和哑铃形 4 种。它们可以进行多种组合。例如，它可以由一对圆筒组成，互相以相反的方向旋转，以提供重力环境，同时又能弥补回转效应造成的影响，居民就住在太空城的圆筒里。圆筒内壁上建成一种适合植物生长的自然环境，上面种上百草和树木，并且有给水装置、河流和湖泊。太空城外面有太阳光反射板，用计算机控制进入太空城内的光量，使内部同时具有与地球相似的白天和黑夜及四季交替的感觉。太空城一端有一个大型太阳能发电站，另一端是航天飞机或宇宙飞船停泊的舱口。由于太空城建在地球轨道或地月空间内，因此，它们可以加装笨重但保险的防护层，而不必考虑重力问题。

链接： 如果不考虑人工重力和旋转半径，环形太空城是一种比较理想的外形结构。因为与球形和圆筒形相比，环形太空城的结构质量小，适居性好，内部空间大，内部环境容易布局，环的中心可以建成失重的对接港口，可供往来太空城的载人航天器和运货飞船对接，还可以修建一些娱乐场所，供太空居民在失重环境中娱乐。

在地月拉格朗日平衡 5 点建太空城的可能性比较大，其优点是：它有无限的发展空间，不像火星和月球受表面积的限制；它邻近地球和月球，容易得到地球的物资供应，还容易从月球获得建筑用材；每天 24 小时都有阳光照射，且光照强度比火星大；它是失重环境，搬运起来非常方便，而不是像月球和火星是低重力环境，因此在那里建造城市，比在火星和月球上都容易。

太空城主要由机器人建造，人主要负责设计、指挥、控制、监督、检查和验收。建造太空城可分三步：第一步是在近地轨道建立一个空间站，作为从地球上运输人员和物资的中转站；第二步是在月球上建好建材供应基地，因为太空城的大部分建筑材料都是靠月球供应的；第三步是在太空城的建设地点先建一个太空建设基地，相当于一个超大型的空间站，太空城的所有结构件都在基地上预制好，然后在预定位置组装起来。

环形轮式太空城概念图

2 先建基地

建设太空城之前必须先建一个月球建材供应基地，然后建一个太空建设基地，作为建设太空城的基础。

月球建材供应基地的建设要早于太空建设基地。因为太空建设基地的建材和结构件虽然一部分来自地球，但绝大部分来自月球。太空建设基地距离太空城越近越好，最好建在太空城建设基地的旁边。这样做一方面可以减少运输量、降低成本，另一方面有利于太空建设基地的后期利用。因为在太空城建成后，太空建设基地将改建成为太空农场或太空工业区，这些临时性的设施就成为永久的"厂房"。

太空建设基地是一种超大规模的空间站，因为它的目的就是建设太空城，因此又称为"太空城建设基地"或"太空建设基地"。基地由三部分组成：第一部分是居住区，这是供太空工人生活和居住的地方，无论是建设太空城的工人或是临时来基地的其他人员，都居住在这里；第二部分是工厂区，这是太空基地的主要组成部分，包括五座大型工厂：太空冶炼厂、太空建材厂、太空住宅制造厂、太空城总装厂和太空家具家电厂；第三部分是辅助生产区，包括基地仓库、基地发电站、基地航天港、基地燃料库和城建设指挥部。

伞状环形太空城设想图。居住区设在中间球体中，一个个圆环是农作物耕作区，反射镜将阳光反射到居住区和耕作区，巨大的辐射板将多余的热量辐射到太空，太阳电池翼提供电能，工厂和航天器停泊处设在中间管道的端头

居住区占据的 6 个大舱是密封的，里面保持正常的大气环境，太空工作人员在里面不用穿航天服；其余的大舱则是开放的，太空工作人员在里面工作必须穿上舱外航天服。居住区的 6 个大舱中，4 个大舱住人，1 个大舱是太空农场和生命保障系统，另一个大舱是组装和维修机器人的车间。

太空冶炼厂有好几个车间，有的炼钢，有的生产钛合金，有的生产水泥，有的生产玻璃，有的生产火箭燃料。太空建材厂主要生产太空住宅的各种预制构件，如墙壁、门窗、地板、屋顶、横梁和立柱等。太空住宅制造厂生产成套的别墅、办公用房和商业用房。太空总装厂主要生产太空城的外部结构，主要是大尺寸的厚钢板、大型钢梁和支架。由于太空城是按模块制造的，因而整个太空城被分成几个大模块，如住宅区模块、工作区模块、休闲娱乐区模块和农业生态模块等，太空总装厂还要负责模块的组装。基地仓库一端跟航天港相连，另一端跟太空冶炼厂相连，航天货船从 L2 月球矿石接收站将月球矿石运到航天港，月球矿石将暂时存储在基地仓库中，然后直接输送到冶炼厂的冶炼炉。太空建设基地有两个太阳能发电站，每个发电量为 30 万千瓦，用于向基地的各个工厂供电。

链接： 小型空间站建成后，可在此基础上再建太空建设基地。它是一点一点地建成的。太空建设基地建成后，太空城的建设就有了坚实的基础，如果月球基地能保证建材的供应，太空城的建设就能按部就班地进行。

3 主体结构

太空城的主体结构是环形结构、中轴、轮辐管、观光大厅、太空体育馆和低重力游泳池。太空城的建设先建环形结构，然后建中轴和轮辐管，最后建观光大厅、太空体育馆和低重力游泳池。环形结构的工程量占整个太空城建设任务的 90%，因此应全力以赴将环形结构建造好。太空城环形结构的建造首先是壳体，其次是内部建筑，最后是内部环境。

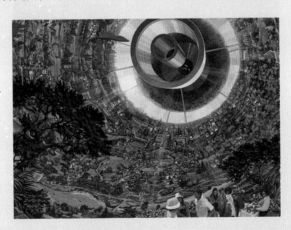

最强的球面重力在赤道上，一个人如果向中心移动，重力会减小，还会很容易地飞起来。阳光从巨大的环状透明处照射进来，中间管道通往太空城的其他部分

环形结构的壳体是像自行车轮胎样的环，它所需要的水泥和钢材的量相当多，完全靠从月球获得这样数量的建材是很困难的，因此专家建议选一颗适宜的小行星，将它推到太空城建设工地，将生产水泥和炼钢设备就

安装在小行星上，直接在上面生产水泥和钢材，而且生产出来的水泥和钢材直接建造环形结构壳体。这种生产方式不会产生任何废料。因为所有的废料经过简单处理，贴附在环形结构壳体的外面，就成为很好的防辐射屏蔽材料。

太空城的整个环形结构分成多个工程单元，单元的施工不仅是外部壳体，更重要的是里面的设施，特别是要建造几千多幢太空别墅。

链接： 太空别墅全部由太空建设基地的住宅制造厂生产，不仅是别墅的土木建筑结构，就算别墅内的装修、家具、家用电器、自动化系统和智能化系统也都由该工厂生产。太空基地的住宅制造厂安装有最先进的住宅生产线，每周可以生产出几十幢别墅。所有太空别墅和建筑物都会预先征求太空居民和太空游客的意见，太空城的设计师有各种各样的设计方案可供挑选。

在零重力太空城内的居住区，人们的移动需要使用喷气背包

一旦设计方案确定下来，工厂的计算机辅助生产系统会将整栋别墅分解成若干个建筑结构单元，如客厅、卧室、餐厅、厨房、卫生间和门厅等，生产线按结构单元进行生产，最后由总装厂车间组装成一幢完整的别墅。

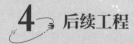

4 后续工程

环形结构完成后，就要建造中轴和轮辐管。中轴是一根长管，顶端与

观光大厅和太空体育馆相连，底部与位于太空建设基地的航天港相通。中轴与太空建设基地垂直，也与环形结构平面垂直。中轴内计划建造和安装很多部电梯，分别运人和运货。中轴有几千米长，主要是让太空城与太空建设基地之间保持一定距离，这样既可减少航天港和基地工业生产对太空城的干扰，同时又可提高太空城的安全系数。另外，中轴为两个环形结构共用，第二个环形结构计划由太空城二期工程建造。

太空城的农业耕作区，作为生命支持系统，为太空城的居民提供生命保障和生活需求

安装观光大厅、太空体育馆和低重力游泳池是太空城的收尾工程。观光大厅位于中轴的顶部，下方是太空体育馆和低重力游泳池。所有这些建筑（包括中轴）都是失重状态，低重力游泳池大厅也是失重状态，游泳池的低重力是由自己旋转产生的。

链接： 建设太空城主要靠建设机器人，它是完成任务的"多面手"：在太空城建造阶段，能完成各种建筑材料的生产，能制造出各种预制件，能将预制件运送到指定地点，然后进行安装和测试；在太空城主体结构完成以后，能按人的兴趣和爱好进行内部装修，包括各种管道线路的连接和检查、家具的摆放、灯光的设计、色彩的搭配等；在太空宾馆建成后，这种机器人能负责太空游客的接待。

太空城居民的食物大部分是从太空农场和太空食品加工厂得来的，只有很少一部分是从地球上运来的。所以，为保证太空食品的安全和营养价值，还要建太空农场。

太空电梯是天方夜谭吗？需要突破什么关键技术？

  刘慈欣的长篇科幻小说的《三体》动画于 2022 年在 B 站上映，里面描绘了太空电梯的场景。2022 年 11 月，国际太空电梯联盟主席斯旺表示，未来太空电梯作为永久性物流基础设施，可将物资和人员运到太空，成为进入太空的新通道。

  现在，进入太空的主要工具是运载火箭，它是通过消耗大量燃料来摆脱地球引力的。目前的运载火箭所携带的燃料要占到火箭总质量的 90% 以上，它每运送 1 千克有效载荷上天平均需耗资 1 万美元以上。为此，航天专家想了很多办法来降低载人航天的成本，目前最理想的办法就是研制太空电梯。

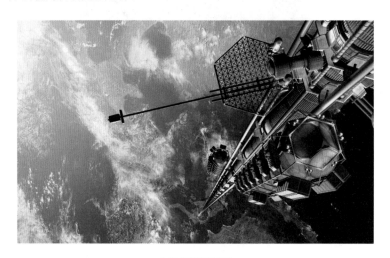

太空电梯示意图

1 将变现实

  太空电梯造价昂贵，但不需要动用大量燃料，因此建成之后的运行费用比运载火箭低两个量级，且可像高速公路一样 24 小时运转。英国一项测算显示，用太空电梯运送 1 个人和货物的费用相当于用航天飞机运费的 0.25%。国际宇航科学院秘书长让·米歇尔·康坦表示，利用太空电梯运输，每千克物资运输成本约为 500 美元，与使用火箭每千克至少 1 万美元相比便宜得多。

用一根粗大的吊索，一端固定在位于地球赤道的平台上，另一端紧紧抓在距地面约 3.6 万千米、与地球同步运行的航天器上，就可使一个形似电梯的吊箱载着货物沿吊索驶向太空……这就是一些国家研究人员正在尝试设计的太空电梯。它似乎是科学幻想，然而在科技高速发展的今天，该幻想很有可能变成现实。

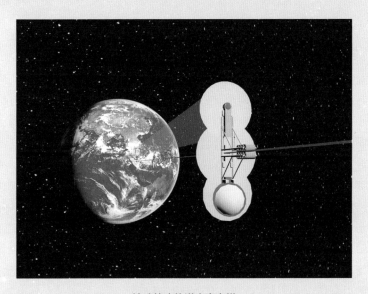

地球静止轨道太空电梯

2003 年 9 月 15 日在美国圣达菲召开的研讨会上，俄罗斯和美国 70 多位科学家和工程师们对太空电梯进行了讨论，最终一致认为它将在 21 世纪内变成现实。这个曾被视为科学幻想的革命性工程近些年有了较大进展，并有了多种方案。

太空电梯还能在建造空间太阳能站中发挥重要作用。随着地球人对能源需求的不断增加，空间太阳能站有可能成为最具吸引力的获取能源的方式。不过，用火箭发射空间太阳能电站时会产生振动，而且要求有效载荷必须能够承受发射时的压力，所以传统发射方式并不适合把大量易碎的太阳电池板送入轨道，而太空电梯则不存在这些问题。

链接： 美国电梯港集团公司正在研制的太空电梯可以一次运送 30 名乘客，在 6 个小时内抵达 10 万千米高的太空，每磅货物运输成本不过数百美元，而运载火箭的每磅成本高达 7000 美元。一旦建成，目前地球上运程最长、达 800 多米的迪拜塔电梯无疑将被远远甩入尘埃，传统的运载工具——火箭也面临被淘汰的威胁。

2 原理简单

　　太空电梯的原理并不复杂，基本上就是一条长长的缆绳一端固定在地球上，另一端固定在地球同步轨道的平衡物（如大型空间站）上。在引力和向心加速度的相互作用下，缆绳被绷紧，太空电梯将利用太阳能或激光能沿缆绳上下运动。太空电梯听起来很美，但如何构建它呢？

　　首先，要在大洋中建造一个漂浮的平台，这个平台要位于一个暴风雨、闪电和巨浪较少的海域，还要远离飞机的航线和卫星的轨道。太空电梯必须能防雷击，否则它将容易被斩断。据设计，太空电梯将重达 20 吨，整个外形很像一个圆球，下面系一根长达 10 万千米缆索来充当太空电梯上下的轨道。

　　其次，将履带轨道固定在缆绳的两端，并且依靠从地面发射的激光转换成的电能作为动力加以推动。它将建造成管状形的通道，沿轨道来回运行时，可以将航天器、各种货物和乘客带入太空。

标准的太空电梯升降厢

链接： 乘人的太空电梯是密封的。如要发射静止轨道卫星，则在卫星由太空电梯送到地球静止轨道高度时，自然就获得了沿静止轨道运行所需要的速度 3.08 千米 / 秒。发射低轨道卫星时可使卫星沿太空电梯上升，到达预定高度时就离开太空电梯。

　　理想的太空电梯构建方案是：先在地球静止轨道上建造把大型空间站、太阳能发电站和空间工厂"三合一"的太空基地，其中空间工厂能利用太阳能和失重条件，提炼出高强度的碳纳米管材料，并且加工成承力用的纤维束，制作太空电梯的缆绳。太空电梯从空间基地往两头铺设，上下太空电梯同时并进来保持平衡。

　　2018 年 9 月 25 日，日本用货运飞船把一对用于世界首次太空电梯试验的立方体卫星送往"国际空间站"。随后从"国际空间站"释放了这对边长为 10 厘米的立方体卫星，它们之间用长约 10 米的缆索连接；然后尝试把一个像电梯吊箱的容器通过电动机转动的缆索从一端移动到另一端。这是人类首次在太空中移动缆索上的容器，也迈出了人类修建太空电梯的第一步。

　　现在，美国和欧洲航天局等著名机构都参与到太空电梯合作中，令科学家们最头疼的是研发资金短缺。美国航空航天局太空电梯首席科学家爱德华兹估计要花费 70 亿 ～ 100 亿美元完成该项目。

通向地球静止轨道的太空电梯由
平台、缆绳等组成

3 关键技术

　　目前，俄罗斯、美国和日本等国都在研制太空电梯。俄罗斯拟在月球表面建立永久性基地，然后用太空电梯将货物运至月球基地或运回地球。尽管这种太空电梯的运行速度非常缓慢，但可以大幅降低人类进行太空探测的费用。

美国西雅图高电梯系统公司正在进行相关的技术研发。其太空电梯的核心部分是一条距离地球表面将近10万千米的缆绳，靠近地球的一端将被固定在可能位于太平洋中部某个地方的基站，而另一端将连接到一个在太空中绕地球轨道运行的物体上以充当平衡锤，它本身所具备的动力将能够使缆绳绷紧，从而使飞行器等运载工具能够上下穿梭。

建造太空电梯最大的障碍来自缆索的建造。它必须非常轻和极其牢固，并能够经受住大气层内外向它袭来的任何物体的撞击。从理论上计算，制作缆索的材料强度至少必须达到钢铁的几十倍。随着纳米技术的发展，科学家不断开发出质量小、强度高的碳纳米管纤维材料，现有的此类纤维材料强度已经达到了所需强度的约1/4，这使得修建太空电梯逐渐成为可能。

日本研制的碳纳米管　　　　　　　　　　日本设想的太空电梯

链接： 日本大林建设公司拟在2050年建成太空电梯，计划在东京附近海面建立基站，主体建筑高约700米，既是太空电梯的基站，又是一个集数字广播、观光游览于一体的旅游基地。在这个基地向上延伸建设一条3.6万千米的太空电梯，用磁力线发动机推动电梯上升，爬行7～8天到达3.6万千米的空间站，每次可运送旅客30名。该太空电梯由6个长18米，直径 7.2 米的椭圆柱形电梯间组成，拉动电梯的缆索采用比钢坚固 20 多倍的碳纳米管材料。

---

4 月球电梯

美国科学家皮尔逊经过奇思妙想，制订了一个月球太空电梯方案：在运行于月球太空轨道上的同步卫星和月球表面间建立一个"升降机"，"升降机"由人造复合纤维缆绳拴住，卫星好像飞翔在太空中的风筝。皮尔逊认为这一设想在理论上是可行的，因为月球引力只有地球的 1/6，依靠目前科技水平制造的合成纤维缆绳已经足够满足承担运输工作的强度要求。与此同时，在月球周围也不存在废弃的火箭推进器、卫星及其他太空垃圾所带来的危险，使得这一计划免除了一项后顾之忧。

他描述了一幅美妙的月球太空电梯画面：满载物资和补给的缆车顺着微微弯曲的月球太空电梯缆绳从天际中垂直落下，降落在月球的某一地点，地球探险者可以轻松到达月球表面任何角落，寻找地下的固态水。

乘太空电梯登天

近年来，美国电梯港集团公司宣称，由于在月球上建太空电梯比在地球上建更容易，所以该公司可用现有技术在月球上建造一座太空电梯，并表示这一想法能在 8 年内成为现实。其具体设想是：在月球上空 5 万千米的轨道上建造太空电梯，因为月球的引力小，并且月球上基本没有空气，所以可以大大降低对缆绳强度的要求，只需使用一种名叫柴隆的高强度、高耐热性复合纤维，就能实现打造月球太空电梯的梦想。

建在海上的太空电梯

链接： 制造月球太空电梯的材料比制造地球太空电梯要轻许多，其缆绳的一端固定在月球表面某个面朝地球的地点。建成后的月球太空电梯还可以与地球太空电梯连成一体，将来，人类只需经过几次换乘，就可以乘坐太空电梯从地球抵达月球了。

5 困难重重

目前，研制太空电梯最大的挑战是能否以低成本、大规模生产出碳纳米管纤维材料，因为这种材料现在还只是毫米级制品，距实用差距甚远。从理论上说，如果用碳纳米管纤维材料造出直径1毫米的碳纳米绳，该纳米绳就可以承重60吨；而一根1米宽、像纸一样薄的碳纳米缆绳的强度，就足以支撑起一架太空电梯。然而迄今为止，科学家仍然无法用碳纳米管编织出长长的缆绳。此外，每克碳纳米管价值500美元，制造出一条10万千米长的碳纳米缆绳十分昂贵。

另外，向太空发射各种电梯建设材料花费巨大，且如果太空电梯因严重事故崩塌，损失惊人。

当太阳风向太空电梯施加压力时，来自月球和太阳的重力作用将使绳索变得摇摆不定。这将有可能使太空电梯摇摆从而造成太空交通障碍，太空电梯也可能会碰撞上人造卫星或太空垃圾残骸，这样的碰撞将导致绳索断裂或太空电梯失事。因此，太空电梯必须在内部建造推进器，以稳定太空电梯致命的摇摆振动，但这又将增加建造的难度及电梯建造和维护成本。

太空电梯会受到太空垃圾的袭击

在地球外层、距离地面 1000 ~ 20000 千米的区域分布着一条强度很高的辐射带，在穿越该区域的过程中，航天员可能会受到致命的辐射。如果缺乏有效的防护措施，乘坐太空电梯的乘客将会受到高强度射线的照射。尤其是太空电梯的爬升速度很慢，不会超过 200 千米 / 小时。虽然科学家们已提出了多种解决方案，但任何一种方案都存在着这样或那样的缺陷。

在这张从太空俯瞰地球的构想图上，人类可以乘坐太阳能（或电磁）
交通工具沿着太空电梯出入太空

　　因为这些难题，太空电梯短期内很难开工。不过，科学家们还是相信，一定能找到克服宇宙辐射的有效方法。

　　有科学家预估，2035 年前后太空电梯将初步投入运行，用太空电梯载人则需要进一步验证以确保其安全可行，或许到 2045 年前后实现载人，但目前还没有确切的时间表。面对这项耗时、耗力、耗钱的大工程，国际太空电梯联盟主席斯旺呼吁加强太空电梯的研究与合作。国际太空电梯联盟副主席莱特称，火箭发射不会因此被抛弃，因为火箭比太空电梯速度更快，能迅速穿越辐射带，已经有人提出以"太空电梯＋火箭"的方式运输，以实现互补。

链接： 斯旺在 2022 年 11 月表示：根据目前的设计，太空电梯攀爬速度约为每小时 200 千米。未来，随着缆绳加长、轿厢攀爬速度加快，预计 8 天可到达地球同步轨道，14 天可到达月球，61 天可到达火星。斯旺认为，未来人类建火星村、月球村需要发射大量物资到太空，星际旅行也备受期待，太空电梯非常具有商业竞争力。

宇宙
飞船篇

载人飞船现有几种类型？新型飞船有什么特点？

载人飞船是一种技术简单、费用便宜、飞行时间短和乘载人员少的垂直着陆无翼航天器，目前主要用于载人天地往返运输，还将用于载人深空探测。

1 三国演义

现在，全球有三个国家（俄罗斯、美国和中国）已研制、发射了卫星式或登月式载人飞船，并分1舱、2舱和3舱式构型。其中卫星式载人飞船是指这种飞船像卫星一样绕地球飞行，与人造地球卫星的主要区别是增加了环境控制与生命保障等与载人有关的一些特设系统，结构密封性能好，能返回地面，因而能应用于载人航天。未来还将研制星际式载人飞船，如载人火星飞船。

1961年4月12日，苏联航天员加加林乘坐世界第一艘载人飞船东方1号上天，成为世界太空第一人。接着，在发射5艘"东方"飞船后，苏联发展了第二代载人飞船——"上升"，但只发射了2艘。此后，苏俄发展了首个采用3舱式构型的"联盟"系列飞船，并多次改型，发射了上百艘。这种第三代载人飞船至今仍活跃在世界载人航天的第一线。

苏联"东方"载人飞船模型

美国早期曾先后发展了 1 舱式"水星"、2 舱式"双子星座"两代载人飞船。1969 年 7 月 20 日，美国 3 名航天员乘坐采用 3 舱式构型的阿波罗 -11 载人飞船完成了世界首次载人登月任务，这是美国第三代载人飞船，也是世界第一种登月式载人飞船。

中国在 2003 年 10 月 15 日成功发射了第一艘载人飞船神舟五号，使航天员杨利伟成为中国太空第一人，并使中国成为世界第三个独立发展载人航天器的国家。神舟五号采用 3 舱式构型，达到世界第三代载人飞船的水平。

🔗

链接： 载人飞船用途十分广泛。例如，可用于突破和掌握载人航天基本技术；为空间站接送航天员和物资；作为空间站救生艇；进行太空旅游等。因此，印度、日本和欧洲航天局也都准备发展载人飞船。

目前，美国、中国和俄罗斯还正在或已经研制出世界第四代载人飞船，它具有载人多、用途广和可重复使用等特点。

2 苏俄重视

苏联非常重视发展载人飞船。苏联第一代载人飞船叫"东方"。它采用 2 舱式构型，最长飞行时间为 5 天。从 1961 年 4 月到 1963 年 6 月，一共发射了 6 艘。不过，那时航天员采用跳伞方式落地。该飞船球形返回舱能乘坐 1 名航天员，舱内有可供航天员飞行 10 昼夜的生命保障系统等仪器设备。其推进舱位于座舱后面，舱内装有化学电池、返回反推火箭和其他辅助设备。

苏联第二代载人飞船叫"上升"。它是在"东方"的基础上改进而成的，即把笨重的弹射座椅改为 3 把普通的座椅，以便乘坐 3 人。1964 年 10 月，上升 1 号首次载 3 名不穿航天服的航天员绕地飞行。1965 年 3 月发射的上升 2 号飞船使列昂诺夫成为世界太空行走第一人。上升 2 号增设了供航天员出舱使用的气闸舱，还增加了着陆缓冲用的制动火箭，航天员不用以跳伞方式落地。

苏联／俄罗斯第三代载人飞船叫"联盟"。它于1967年开始使用，采用3舱式构型，即在返回舱前增加了1个轨道舱和交会对接机构，它不仅使航天员的生活和工作空间扩大了，还能与空间站对接。与前两代飞船相比，"联盟"内部可居住容积增大了1倍，返回地面时的最大过载也由8～9g减少到3～4g。该飞船多次改型，包括联盟T、TM、TMA、TMA–M、MG等，最多可乘坐3名航天员。

联盟 TMA 载人飞船

目前，俄罗斯正在研制第四代载人飞船"雄鹰"。它抛弃了"联盟"的3舱式结构设计，采用全新的2舱式设计，将用于载人登月。

3 更新最快

虽然美国在研制和发射了三代载人飞船后，转向研制、发射航天飞机，但在2011年航天飞机退役后，又开始研制第四代载人飞船，并于近年发射。

其第一代载人飞船叫"水星"。它是目前世界上唯一的1舱式飞船，于1961年4月至1963年6月使用，能乘坐1人。

美国第二代载人飞船叫"双子星座"。1965年投入使用，由返回舱和推进舱组成，可载2人，主要用途是为载人登月做准备。它先后完成了轨道机动、交会对接、航天员出舱等试验任务。从1965年3月到1966年11月，"双子星座"飞船共进行了10次载人飞行。虽然它与"水星"飞船外形相似，但其密封舱容积加大了；飞船各系统不再采用"堆积"方式装在一起，而是按舱室形式安装；增加了交会雷达……这些都使飞船性能大为提高。

美国第三代载人飞船叫"阿波罗"。它是目前世界上唯一的登月式飞船，总高29米，质量约46吨，由指令舱、服务舱和登月舱组成，可乘坐3人。指令舱是航天员生活和工作的地方，为圆锥形，舱内充以34.3千帕的纯氧，温度保持在21℃～24℃；服务舱装有变轨推进剂和主发动机、燃料电池，能把飞船从月球轨道送回地面；登月舱是这种飞船独有的，由下降级和上升级组成，用于降落到月球表面和离开月面。

美国"阿波罗"载人登月飞船示意图

美国已经研制或正在研制多种第四代载人飞船，其中政府投资研制的飞船叫"猎户座"多用途乘员飞行器，主要用于载人深空探测；私营公司投资研制的叫"载人龙""星际线"，用于近地轨道商业载人飞行，目的是省钱。

链接：美国载人飞船的返回地点都在海面，在海面回收没有障碍物，易被发现，且缓冲性能好一些，但要求座舱密封性能好，海面搜索能力强。

4 后起之秀

截至2022年年底，中国已陆续成功发射了10艘第一代载人飞船"神舟"，把16名航天员、26人次送上了太空，表明该载人飞船在技术上比较成熟。

"神舟"飞船采用由轨道舱、返回舱和推进舱组成的3舱式构型，总长近9米，总质量约8吨，乘员人数3人，航天员活动空间6立方米。该飞船可自主飞行7天，停靠飞行180天。

轨道舱位于飞船前部，为密封结构。其侧壁有一内开式舱门。前端有交会对接装置。该舱用于航天员入轨后的工作、吃饭、方便和睡觉。

返回舱位于飞船中部，为密封结构。其外表为低密度烧融材料所包敷，设有两个伞舱，大底有4台固体缓冲发动机。该舱是航天员往返时的座舱，也是飞船的控制中心，具有着陆后可支持航天员陆上生存48小时、海上生存24小时的能力。

推进舱位于飞船后部，为非密封结构，为飞船提供动力、电源、燃料等。尾部装有4台2.5千牛的变轨发动机，侧壁装有姿控发动机和24平方米太阳电池翼。

"神舟"飞船由系统总体和13个分系统组成。这些分系统涉及物理、医学等数十个学科领域，所以具有技术多样性和研制复杂性。

神舟十五号载人飞船飞行示意图

为适应不同阶段的任务变化，"神舟"飞船先后有三种技术状态。一是初期试验技术状态，神舟五号、神舟六号采用这种技术状态，轨道舱可留轨利用半年。二是出舱活动试验技术状态，神舟七号采用这种技术状态，特点是轨道舱不留轨利用，并且具有气闸舱的功能，用于航天员空间出舱活动。三是天地往返运输器技术状态，轨道舱不留轨利用，前端增装了交会对接装置，神舟八号以后的载人飞船都采用这种技术状态，用于为"天宫"空间站提供载人天地往返运输服务。

5 细说新船

第四代载人飞船的特点是：用途广，可一船多用，能飞往空间站，也可飞往月球、小行星和火星；能重复使用多次，所以成本低；运载能力强，每次可以运送 4 ~ 7 人；采用两舱构型，但直径比较大，这样能降低成本，提高可靠性。

美国政府投资，洛马公司研制的第四代载人飞船"猎户座"主要用于载人深空探测。它由服务舱、乘员舱、发射中止系统及飞船适配器组成，质量约 23 吨，直径约 5 米。乘员舱内部仅有 10 个仪表盘左右，能带 4 ~ 7 名航天员；可重复使用 10 次。其服务舱来自欧洲货运飞船自动转移飞行器，用于向乘员舱提供能源、热控制、燃料及动力。2022 年 11 月，美国已发射无人"猎户座"到地月转移轨道，用于为工程师评估该飞船的深空表现提供重要线索，为未来的载人月球任务提供基础数据，为 2024 年航天员重返月球做好准备工作。

美国商用飞船"载人龙"是世界第一种投入实际使用的第四代载人飞船，2021 年起升空多次。它由前椎体、加压舱和服务舱三部分组成，最多可将 7 人送至近地轨道。其加压舱内部操控台由 4 块可移动大型液晶触摸控制屏组成，航天员可从天花板上拉下触摸控制屏；没有逃逸塔，采用首创的新型发射逃逸系统，自身装配的超级天龙座发动机系统，可在乘员从进入飞船到入轨的全过程中提供逃逸能力，这不仅能使飞船着陆更方便，还可使飞船重复使用；没有太阳电池翼，采用非加压舱半包围体装式太阳能电池板。这样可避免出现展不开的故障，而且比展开式太阳电池翼使用率高，效能更好，因为无论哪个角度，只要有太阳光照，飞船都会吸收光辐射；可独立飞行 1 周，停靠飞行 210 天。

"载人龙"进行热真空试验

链接： 2020 年 5 月 5 日，我国新一代载人飞船无人试验船升空，5 月 8 日返回。它采用两舱式构型，每次可以运送 4 ~ 7 人，可重复使用多次。

美国"阿波罗"飞船有何特点？它是如何实现登月的？

至今，全球已研制、发射了多种载人飞船，但只有一种是登月式载人飞船，其他都是卫星式，即绕着地球飞行的载人飞船。那么，登月式载人飞船有什么特点呢？

1 怎样登月

在"阿波罗"载人登月工程的实施过程中，曾在登月方案的确定上花了很长时间，直到 1961 年 5 月 25 日肯尼迪总统正式宣布美国将实施"阿波罗"登月计划时，美国航空航天局仍没有在登月方案上形成统一的意见。此后又经过了半年多的紧张研究和详细论证，才于 1962 年最终选定月球轨道对接法。实践证明，这一方案是科学、有效的，花这么多时间来研究和确定它是值得的，它使载人登月获得了成功，没有走弯路，对未来载人登月也有重要借鉴意义。

月球轨道对接法就是将 1 艘载有 3 名航天员的登月式载人飞船发射到月球轨道上。2 名航天员乘飞船的登月舱在月面上降落，进行月面探险。另 1 名航天员仍留在剩下的指令舱-服务舱组合体中绕月球轨道飞行，并进行科学实验。返回时，在月面上的 2 名航天员启动登月舱的上升级发动机飞上月球轨道与指令舱-服务舱组合体交会对接。2 名航天员进入指令舱后，抛弃登月舱的上升级，指令舱-服务舱组合体脱离月球轨道返回地球。在再入大气层前，抛弃服务舱，仅指令舱在太平洋上溅落。这种方法的好处是只需在月面上降落小型登月舱，但在轨对接的成功与否直接决定了航天员的生命安全。

为什么不采用直接登月法，即把整个飞船直接送入月球表面？其实这种方法科学家早已考虑过，认为这种方法比较简单和安全，但对运载火箭的要求太高，而且大型飞船在月面上着陆有可能陷入尘土中。

链接： 另一种方法叫地球轨道对接法，即先把载人登月飞船的几个舱分别送入地球轨道，然后在轨对接起来；对接后用飞船自身的发动机加速朝月球飞去。其优点是既不需要研制超大型运载火箭，也比月球轨道对接法安全，但它存在大型飞船在月面着陆的困难。

"阿波罗"飞船指令舱－服务舱组合体上的发动机工作，
使飞船脱离月球轨道，开始返回地球

2 综合分析

采用月球轨道对接方案，在技术、时间和资金方面的优点如下。

第一，只用一个较小的登月舱就能登月，从而可避免整个飞船降落月面的困难。登月舱质量约 14.7 吨，月面可以经受得住，而且对于飞船减速也极为有利。

第二，登月舱只需携带小型发动机，所以可以减少燃料携带量。这对于离开月面也有利，而且整个飞船的质量能大大减小，从 70 多吨减至约 50 吨，使土星 5 号火箭可以胜任发射任务。

第三，在返回时，由于登月舱可以抛掉，又可进一步减小返回舱的质量，从而能简化服务舱的设计。另外，只有指令舱再入回收，对于回收也有利。

第四，经济性较好，这一点胜于直接登月法和地球轨道对接法。

1962 年 6 月 7 日，美国航空航天局在马歇尔中心举行了一次会议，对月球轨道对接方案进行最后的讨论。冯·布劳恩在会上通报了马歇尔航天中心的最新研究结果。他说："只要有足够的时间和资金，这三种模式在技术上都是可行的。"但他认为，如果要求在 10 年内完成登月计划，月球轨道对接是最有保证的方案。最终的预算估计：月球轨道对接方案几乎比地球轨道对接登月的 92 亿美元低了 15 亿美元，比直接登月方案的 106 亿美元低了近 30 亿美元。这又为月球轨道对接方案提供了更有力的证据。

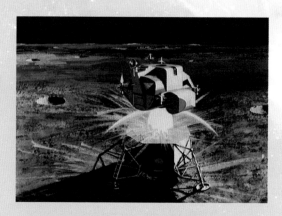

月面工作结束后航天员返回登月舱，进入上升级，
上升级从登月舱上起飞，离开月球表面

航空航天局于 1962 年 7 月 11 日举行了记者招待会，将登月方案的最后决策公之于世。在这次招待会上，向外界通报了最终批准的月球轨道对接登月方案。

链接：美国"阿波罗"计划登月方案的选择由于开始计划目的尚不明确等原因，前后花费了近 3 年，主要原因是参与研究的单位和人员太多，反复争论、各自为政，不可避免地浪费了许多时间。但正是由于在长时间的研究和讨论中，工作进行得非常细致、周到、全面，为后来计划的顺利进行提供了保证，也避免了许多失误。从后来"阿波罗"计划的执行来看，这些讨论不仅是有极大价值的，而且也是非常有必要的。

3 土星 5 号

在冷战时期，美苏在载人登月领域开展了激烈的竞争，特别是在重型运载火箭研制方面的竞争达到了白热化，因为发射载人飞船必须使用近地轨道运载能力达 100 吨以上的重型运载火箭。最终美国成功研制和发射了土星 5 号重型运载火箭，实现载人登月，而苏联由于 N1 重型运载火箭 4 次发射失败，未能载人登月。

土星 5 号是 1 种三级液体火箭。它全长 110.64 米，最大直径 10.06 米，起飞质量 2945.95 吨，起飞推力 34029 千牛，近地轨道运载能力 127 吨，地月转移轨道运载能力约 50 吨。其第一级火箭采用液氧 / 煤油作推进剂，装 5 台 F–1 液体火箭发动机，即中间装 1 台，四周装 4 台，总推力 34029 千牛；第二级采用液氧 / 液氢作推进剂，装 5 台 J–2 氢 – 氧液体火箭发动机，中间 1 台，四周 4 台，总推力 5148 千牛；第三级也采用液氧 / 液氢作推进剂，装 1 台 J–2 发动机，推力为 902 千牛。

土星 5 号重型火箭发射

携带"阿波罗"载人登月飞船的土星 5 号重型火箭起飞后，第一级的 5 台 F–1 液体火箭发动机同时工作；到 2 分 15 秒时，中间 1 台发动机先关机；过 26 秒，外围四周的 4 台发动机再关机；再过 1 秒，第一级火箭与第二级火箭分离；又过 1 秒，第二级火箭的发动机点火；飞行到 7 分 39 秒时，第二级火箭中间的发动机先关机；过 95 秒，再关掉四周的 4 台发动机；1 秒后，第二级火箭同第三级火箭分离；过 41 秒，第三级火箭发动机才第 1 次点火；飞行到 11 分 40 秒时，第三级火箭发动机关机，第三级火箭同"阿波罗"载人登月飞船一起进入地球停泊轨道，绕地球飞行两圈；当飞行到 2 小时 31 分时，第三级火箭的发动机第二次点火，火箭与飞船进入月球过渡轨道；6 分钟后，发动机关机；再过 25 分钟，第三级火箭同"阿波罗"载人登月飞船分离，飞船飞向月球。

4 登月飞船

在登月方案确定后，研制新型载人飞船就成为登月工程的"重头戏"了。"阿波罗"载人登月飞船构思十分巧妙。"阿波罗"总高 29 米，质量约 50 吨，由指令舱、服务舱和登月舱三部分组成，发射上升段时还有救生塔。其中类似卫星式飞船返回舱的指令舱是航天员生活和工作的地方，也是全飞船的控制中心；相当于卫星式飞船推进舱的服务舱装有主发动机、姿控和电气系统；登月舱由下降级和上升级组成，用于降落到月球表面和离开月球表面。

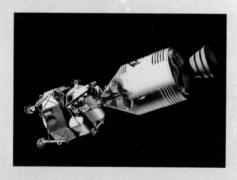

"阿波罗"载人登月飞船剖视图

指令舱为圆锥形，高 3.5 米，底部直径 3.9 米，质量约 6 吨，舱内充以 34.3 千帕的纯氧，温度保持在 21℃ ~ 24℃。它又细分为前舱、航天员舱和后舱。前舱放置着陆部件、回收设备和姿态控制发动机等；航天员舱为密封舱，存有供航天员生活 14 天的必需品和救生设备；后舱装有 10 台姿态控制发动机、各种仪器和贮箱，还有姿态控制、制导导航及船载计算机和无线电分系统等。指令舱的中央并排放着指令长、驾驶员和飞行工程师 3 名航天员的座椅。飞船发射和返回地面时，3 名航天员躺在椅子上，其余时间航天员可离座活动。

　　服务舱是一个高 6.4 米、直径 4 米的圆柱体，质量约 25 吨，里面装有变轨推进剂和主发动机、3 副氢氧燃料电池等，其中变轨主发动机推力达 95.6 千牛，能把飞船从月球轨道送回地面。服务舱的前端与指令舱对接，后端有推进系统主发动机喷管。该舱又分 6 个隔舱，分别容纳主发动机、姿态控制系统等，其中姿态控制系统由 16 台小火箭发动机组成。它们还用于飞船与第三级火箭分离、登月舱与指令舱对接和指令舱与服务舱分离等。

　　登月舱质量为 14.7 吨，直径 4.3 米，高约 7 米，由下降级和上升级组成。下降级由下降发动机、4 条着陆腿和 4 个仪器舱组成，用于从月球轨道降落到月面，能把 2 名航天员送到月球上。上升级为登月舱主体，由航天员座舱、返回发动机、推进剂贮箱、仪器舱和控制系统组成，在登月过程中，2 名航天员在这里生活和工作，完成任务后航天员乘上升级返回环月轨道与指令舱会合。

月球表面上的登月舱和月球车，航天员在月球车后面工作

链接： 1971 年 7 月—1972 年 12 月，美国先后发射了阿波罗 15 号、16 号和 17 号载人登月飞船，它们各自装有一辆折叠式载人月球车，并且基本相同，均可在月面低重力、真空环境中行驶，从而扩大了航天员的舱外活动范围。每辆"阿波罗"月球车有 4 个轮子，靠蓄电池提供动力。其最高时速可达 16 千米，航天员可坐在里面驾驶着它在月球表面巡游。

阿波罗 15 号所携带的月球车

为什么"载人龙"飞船不装展开式太阳电池翼？它具有哪些特点？

2020 年 5 月，美国太空探索技术公司用猎鹰 9 号火箭成功发射了首艘"载人龙"载人飞船。这次发射号称是美航天飞机 2011 年 7 月执行编号为 STS-35 的最后一次任务以来，美国航天员首次从美国本土升空飞行，也是太空探索技术公司成立 18 年以来首次载人任务，使该公司成为世界航天史上第一家使用私人制造火箭和飞船将人类送入轨道的公司。

1 新船新貌

"载人龙"飞船又叫第二代"龙"飞船，它具有可重复使用、乘员运输能力强、内部空间大和操作友好等特点，能够执行低成本、业务化的低地球轨道载人航天飞行任务。

它和"载货龙"货运飞船一样都采用两舱式设计，只不过"载人龙"是由密封加压乘员舱和非密封服务舱两部分组成的，内部增加了生命保障系统、座椅和控制面板等；而"载货龙"飞船是由货运舱和非密封舱两部分组成的。"载人龙"不采用俄罗斯"联盟"载人飞船那种三舱段设计的优点是：内部加压空间都集中在一个舱段内，可明显提升航天员的舒适度，能搭乘的航天员也多。

"载人龙"飞船

为确保先研制和发射的"载货龙"飞船能快速转换成"载人龙"飞船，前者除增加了乘员逃逸系统、生命保障系统和允许乘员利用飞行计算机控制船载控制系统等与载人有关的特设系统外，其乘员舱和"载货龙"飞船的货运舱在结构上几乎是相同的。

链接： "载人龙"采用最高级的碳纤维材质和阿尔坎塔拉面料，净质量9.525吨，发射质量15吨，高8.1米，直径4米，加压容积10立方米，非加压容积37立方米，上行载荷能力6000千克，下行载荷能力3000千克，处理废弃物800千克。其上的4个尾翼在紧急分离情况下可提供气动稳定性。该飞船独立飞行时可工作7天，对接状态下能工作210天。

与"载货龙"飞船相比，"载人龙"飞船有不少突破。例如，"载人龙"使用了触摸控制屏和更耐用的热防护层等众多下一代航天器技术，可容纳7名航天员。它是一艘完全自动驾驶的载人飞船，可以实现全程自动化飞控，全自动对接空间站，全自动应急处理各项预案等，当然也可以切换到人工操控，同时同步受到总部飞行控制中心监控。它的信息化水平大幅提高。其操控台由 3 块可移动的大型液晶触摸控制屏组成，它们是驾驶控制的关键，操作过程与使用 iPad 更为接近，而不是航天飞机或喷气式战斗机。这款飞船的操控和飞行信息显示在 3 个面向指令长和驾驶员的大尺寸触摸屏上。

总装完毕的"载人龙"飞船

2 没太阳电池翼

"载人龙"飞船的一大亮点是不用可展开太阳电池翼和电池，而是在非加压舱上装有半包围体装式太阳电池板，这是一大创新，可以避免出现展不开的故障，而且比展开式太阳电池翼使用率高，无论哪个角度，只要有太阳光照，飞船都会吸收光辐射。当然，采用这一技术对成本和集成工艺要求甚高，除太阳电池板必须变成曲面集成外，还需要慎重考虑、反复测试热膨胀问题。好在这个技术难关现已被突破。

该飞船的另一大亮点是具有未来太空感，彻底改变了以往载人飞船"重功能、轻设计、无美感"的通病，让搭乘"载人龙"飞船变成一种太空享受、时尚有品。例如，虽然"载人龙"飞船在外形上是一个传统的钝锥形弹道胶囊与一个鼻锥形帽设计，但它比"载货龙"飞船更苗条圆润，看起来像外星人的飞船。飞船设计有 4 扇舷窗，大幅扩宽了航天员的视野，一览蓝色地球、银白月球、灿烂星空。航天员进入飞船的进出臂也设计得很现代、很科幻。

"载人龙"飞船内景

其内部设计简洁，井然有序，与特斯拉电动汽车内部设计很相似。整个乘员舱看起来就像一辆豪华的轿车，一共有7个褐色真皮斗式座椅（舒适，腿部空间也很大），上层4个，下层3个，它们采用碳纤维和Alcantara织物材料。为了多带东西，也可以变成4座。其运货空间位于飞船尾部，最多能容纳14立方米的货物。如果不搭载7名航天员，还可以转载等量的货物。

链接：由于"载人龙"飞船底部主热防护系统采用了第三代PICA-X改进型酚醛浸渍碳烧蚀材料，所以飞船再入大气层时可承受多次高温烧蚀而不呈现严重退化，这样能降低再入大气层时高温对飞船的烧蚀，使航天员在重返大气层时能得到更好的保护，也有利于乘员舱多次使用。

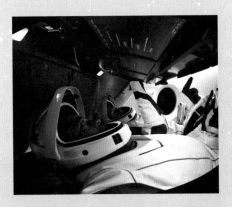

执行"载人龙"飞船验证2任务的2名航天员

3 无逃逸塔

"载人龙"飞船最大的特点是采用了首创的新型发射逃逸系统。猎鹰9号运载火箭在发射过程中出现故障时，该载人飞船救生不使用逃逸塔，而是利用自身装配的超级天龙座发动机系统进行发射逃逸。

这种集成式的发射逃逸方案的好处就是逃逸系统全程在飞船上，其具备全程逃逸能力，让"载人龙"飞船自身就具备逃逸能力；因为避免了逃逸塔分离过程，简化了整流罩，所以能提高乘员安全性；该逃逸系统能重复使用，但必须确保超级天龙座发动机十分可靠，否则更不安全。

具体说来就是在"载人龙"飞船4个侧面分别装备推进器吊舱，每个吊舱配有2台超级天龙座发动机。它仍采用冗余设计的理念，2台一组，互为备份，每隔90°安装一组。在这4组8台发动机中，任何1台出现故障都不会对飞船产生显著影响。

每台超级天龙座发动机的推力可达1.6万磅（1磅≈0.45千克），8台整合后的轴向推力达12万磅。它们能按需多次重启，并可深度节流，为航天员提供精确控制和推力，主要在着陆上使用，以满足飞船在陆地上软着陆的要求。

链接： 依靠在飞船外呈X形布置的这8台发动机，"载人龙"可以在低空减速乃至悬停，并伸出4个支架降落在选定的任何地方，可以是草原或机场，甚至是楼顶一块小小的直升机停机坪。这一技术未来也可以在火星任务中体现出来，降落在火星上的飞船也需要较强的垂直降落技术。

该发动机的燃烧室是由高性能铬镍铁合金（一种超耐热、高强度的不锈钢，可提高发动机可靠性）利用3D打印技术直接金属激光烧结技术制造而成的，这是首个3D打印技术研制的火箭发动机，仅用传统制造方法的一小部分成本和时间就可以制造出高性能的发动机零件。另外，不同于以往的发射逃逸系统，飞船在发射后的前几秒才能弹射，如"载人龙"飞船在发射期间遇到危险，这8台发动机便会启动，将飞船推离猎鹰9号火箭，并抵达安全地带降落，即在上升阶段的任何时刻都能逃逸。8台发动机还提供了冗余，即使一两台发动机出现故障，也能成功完成着陆或逃逸任务。

"载人龙"飞船零高度中断逃逸试验

4 苦尽甘来

"载人龙"飞船曾打算采用被称为"21世纪太空飞船的着陆方式"，即用超级天龙座逃逸发动机提供缓冲推力，进行悬停控制，加上四条可伸缩的冲击减震着陆支腿。这样可使飞船像直升机一样准确地在陆地着陆场进行定点软着陆，而且在紧急情况下仍能使用降落伞在海洋中降落。这不仅能使飞船着陆更方便，还有助于重复使用，从而降低发射成本，对载人航天具有革命性意义。

不过，此方案已暂停研发，目前仍采用传统的水上着陆方式，因为这样更稳妥。它安装了2具引导伞和4具主减速伞，采用降落伞减速–水面溅落的方式精确回收。

为确保安全，"载人龙"飞船曾先后进行了10多次高空伞降试验，只有一次因故障而失败。2019年3月，一艘无人驾驶的"载人龙"飞船自动与"国际空间站"对接，成功进行了首次无人测试飞行，圆满完成了验证1任务。但当时"载人龙"内没有载人，也没有安装显示和控制模块，所以内部显得不够完整。

2019年4月20日，在对首飞"载人龙"飞船进行无人例行静态点火测试时突发爆炸，这让高歌猛进、一路领先的太空探索技术公司的商业载人航天计划紧急刹车。2019年7月，公布了事故调查结果。整改方案是：彻底换掉钛金属止回阀。2019年11月14日，"载人龙"飞船低调完成静态点火测试，实测了4·20爆炸事故改进方案，验证了"载人龙"飞船超级天龙座推进器的安全可靠性。

"载人龙"飞船准备与"国际空间站"对接

参加首次"载人龙"载人飞行的2名航天员穿着新款舱内航天服，这两件新款舱内航天服不再像以前那样笨重，头盔面罩也更显时尚。尽管身穿舱内航天服，但这两名航天员还是可以在舱内轻松聊天，并在屏幕上进行操作。

美国航空航天局批准了太空探索公司继续推进采用"注后即射"方案，即在航天员进入"载人龙"飞船后再为猎鹰9号火箭加注液氧和煤油推进剂。因为通过评审认为这一方案风险最小。

"载人龙"飞船进行伞降试验

这次飞行一切顺利，是美国航空航天局"商业航天员计划"的一个重要里程碑。此后，正式进行了航天飞机时代的美国商业载人航天首次飞行。"载人龙"飞船现已安全飞行多次，包括用于太空旅游。

货运飞船与载人飞船有哪些不同？国外目前已经研制和发射了哪些货运飞船？

随着载人航天活动的不断发展，货运飞船在载人航天领域的用途日益广泛。因此，俄罗斯、欧洲、日本、美国和中国先后研制了"进步""自动转移飞行器""H-2转移飞行器""载货龙""天鹅座""天舟"货运飞船。至今，全世界已发射过约200艘货运飞船。

1 用途广泛

货运飞船是从载人飞船演变而来的。20世纪70年代，苏联和美国开始发展体积大、寿命长、用途广的空间站。刚开始时，苏、美两国都是用人货混装的载人飞船为空间站提供少量补给，每艘载人飞船一次只能为空间站运送几百千克的物资，因而大大影响了空间站的运行寿命和站上航天员的在轨工作时间。

随着苏联空间站的不断发展，对运货量的要求也日益增加，苏联航天专家从1978年开始把联盟号载人飞船改装成无人货运飞船。实践证明，这种人货分开的运输方式，既能增加货物的运载量，又能降低成本，还很安全，可以说是苏联的一个创新。改装后的货运飞船称为"进步"，每次飞行可为空间站送去2吨多物资。现在，俄罗斯每年向"国际空间站"发射货运飞船，它们不仅送去货物，还带回大量的空间站垃圾，在再入大气层时烧毁。

货运飞船还有许多其他用途。例如，由于空间站是在低地球轨道运行的，会受到残存大气阻力的影响而逐渐降低其轨道高度，所以在空间站轨道高度降低到一定程度时要提升它的轨道高

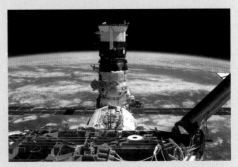

"进步"货运飞船与"国际空间站"对接

度，而携带较多燃料的货运飞船在空间站的轨道维持方面能发挥重要作用。货运飞船有时也用于机动空间站的轨道位置，以便躲避飞来的太空垃圾。

链接： "进步"货运飞船在 2001 年和平号空间站寿终正寝的坠落中也发挥过重要作用。当时，与和平号对接的"进步"货运飞船通过多次点火，使和平号空间站的飞行速度不断降低，最终成功地把和平号空间站推离原运行轨道坠入大气层，使其落到南太平洋某一区域。

货运飞船的用途越来越广，现在已有不少国家积极发展货运飞船。

2 不断进步

苏联的"进步"系列货运飞船是在"联盟"载人飞船基础上改进研制的，即去掉了"联盟"上的座椅、环境控制与生命保障、返回着陆和应急救生等与载人有关的系统，以便运送更多的货物。

"进步"货运飞船由货物舱、补给舱和服务舱组成，总质量约 7 吨，运货质量 2.3 吨以上。其货物舱构造与"联盟"载人飞船轨道舱相似，可以装货物，当"进步"货运飞船与空间站对接后，乘员进入货物舱搬货到空间站，在"进步"货运飞船脱离空间站之前，乘员可以把空间站上的垃圾转移到货物舱中，使其在再入大气层时烧毁。

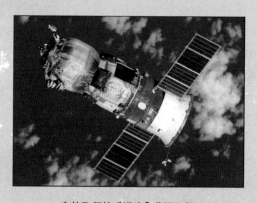

在轨飞行的"进步"货运飞船

　　"进步"货运飞船补给舱取代了"联盟"飞船的返回舱，装有多个推进剂贮箱，其中一部分贮箱装有燃烧剂，另外一部分贮箱装有氧化剂，有的还装有 1 个水箱，燃烧剂和氧化剂通过对接环上的液体连接器转移到空间站自身的推进系统中。

　　"进步"货运飞船服务舱与"联盟"飞船的仪器/推进舱相同，用于货运飞船与空间站的变轨对接、提升空间站的轨道高度。

　　第一艘"进步"货运飞船是 1978 年 1 月 20 日升空的，飞往了礼炮 6 号空间站。1978—1990 年，一共发射了 43 艘"进步"飞船，它们为礼炮 6 号、7 号空间站运送了大量的货物补给，大大延长了这两座空间站的工作寿命和航天员的在轨工作时间。

链接： 在"进步"货运飞船的基础上，苏联/俄罗斯又对其进行了多次改型。1989 年 8 月，在"进步"基础上改进的进步 M 货运飞船首次执行和平号空间站任务。在参与"国际空间站"项目后，为进一步增强补给能力，俄罗斯将进步 M 货运飞船改进为进步 M1。2008 年 11 月 26 日，俄罗斯发射了新改进的进步 M-M 货运飞船。近年来，俄罗斯又开始使用新改型的进步 MS 货运飞船，使飞船的总体性能进一步提高。

3 运力最大

　　欧洲的货运飞船叫"自动转移飞行器"，其运货能力可达 7 吨，是迄今为止运载能力最大的货运飞船，从 2008 年起到 2014 年共发射了 5 艘，现已退役。

　　体积像双层巴士一样的"自动转移飞行器"飞船有 4 类用途：①向空间站运送补给物资；②在货物卸载后，可以用作空间站的附加活动室；③提升"国际空间站"的轨道高度；④用作垃圾箱，把 6.5 吨空间站产生的废弃物资带回地球烧毁。

　　"自动转移飞行器"飞船由加压舱、推进舱和电子设备舱组成，形状像一个大圆筒，全长 10 米，最大直径为 4.5 米，质量约 10 吨。

　　在加压舱中可放补给品、科学硬件、食物等货物；还能放置饮用水、为空间站运送的推进剂和空气等液体罐和气体罐。与空间站对接后，2名航天员穿上普通服装就能进入飞船的加压舱中把带来的物资搬走，其中的液体罐和气体罐与空间站的管道装置连接流往空间站的储存设备中。

追逐"国际空间站"的欧洲"自动转移飞行器"飞船

货物卸载任务完成后，"自动转移飞行器"仍可作为一个实验区，直到它离开空间站。加压舱的最前端是俄罗斯制造的对接设备和用于交会的测量装置，用于实现飞船同"国际空间站"的自动对接。因为里面通风风扇和空调设备的噪声小，所以空间站乘员常睡在加压舱里面，包括在里面用日常的湿毛巾和洗发露保持个人卫生。

"自动转移飞行器"飞船主推进系统是4台490牛发动机，姿态控制系统用28台220牛推进器。它们除在往返回过程中使用外，还用于空间站的轨道维持、姿态控制、空间碎片规避机动。

电子设备舱是"自动转移飞行器"飞船的大脑，装有计算机、陀螺仪、导航系统、控制系统和通信设备多个关键部件。其通信采用S频段，通过GPS实施导航。

欧洲"自动转移飞行器"飞船（右）和"国际空间站"对接后航天员搬运货物示意图

"自动转移飞行器"飞船外部装有 4 个太阳电池翼，展开时呈 X 形，跨度达到 22.28 米，每个太阳电池翼的转动机构是各自独立的，可以实现最佳对日定向。

4 大件利器

从 2009 年起，日本先后向"国际空间站"发射了多艘名叫"H-2 转移飞行器"的货运飞船。其满载后总质量 16.5 吨，货物运载能力约为 6 吨。现已退役。

"H-2 转移飞行器"飞船也呈圆柱形结构，由铝合金制成，全长约 10 米，直径约 4.4 米，自身质量 10.5 吨，由加压货舱、非加压货舱、电子设备舱和推进舱 4 部分组成。货物补给装在加压货舱及非加压货舱的暴露货架中；电子设备舱装有电子设备、锂电池和敏感器；推进舱内装有 4 个推进剂贮箱、主推进装置和反作用控制系统。

"H-2 转移飞行器"飞船可以运送大件，该飞船的舱门大，与空间站的接口各边均加宽到约 1.2 米，所以可以搬运其他货运飞船无法搬送的大型装置。

"国际空间站"机械臂捕获日本"H-2 转移飞行器"飞船

另外，"H-2 转移飞行器"飞船还是唯一可向"国际空间站"运送加压与非加压货物的无人飞船，包括安装在站外的外部实验和在轨更换装置。

它与空间站对接采用"停靠"方式，即当"H-2 转移飞行器"飞船与空间站接近到距离 10 米时，两者相对速度接近零，"H-2 转移飞行器"

飞船不再被控制，而是呈自由飞行状态，然后由空间站的机械臂将其捕获与空间站对接。这种对接方式可减少飞船对接系统的质量、成本和复杂性。

链接： "H-2 转移飞行器"飞船有三大用途：为"国际空间站"运送维修所需的消耗品和补给物品；为航天员运送所需的食品、医疗用品、生活用水和饮用水；为日本及参加"国际空间站"计划的其他国家运送实验所需的实验装置和实验材料。

5 可以返回

与上述由政府投资研制的民用货运飞船不同，美国有两家私营公司投资研制了两种商用货运飞船，一种是美国太空探索技术公司研制的"载货龙"飞船，另一种是美国轨道科学公司研制的"天鹅座"飞船。它们的最大特点是：由美国航空航天局选定的私营商业公司自行投资，研制用于"国际空间站"天地往返运输的飞船和火箭，美国航空航天局以"打的"的模式租用飞船，把货物运往"国际空间站内"，从而降低了天地往返运输的费用。

"载货龙"飞船是所有货运飞船中唯一可以运回物品的，这是因为该飞船带有热防护罩，可在返回时耐受极高温安全降落，而其他飞船不具有热防护罩，只能在再入大气层时被烧毁。

"载货龙"飞船长 5.9 米，最大直径 3.6 米，自身质量只有 4.2 吨，主要由前锥体、钝角圆锥体弹道舱和非加压段三部分组成，其中前锥体内装对接机构，在上升阶段起保护作用；钝角圆锥体弹道舱一部分用于搭载加压货物，另一部分是服务段，装有电子设备、反作用控制系统、降落伞和其他支持设备；非加压段用于存储非加压货物（如轨道更换装置），并保障太阳电池翼和散热器的正常工作。其运送载荷质量最大

"载货龙"飞船

3吨多，返回载荷质量最大2吨多。

在海上回收"载货龙"飞船

"载货龙"飞船采用降落伞水上溅落的回收方式；使用高性能热防护罩和侧壁热防护系统；与"国际空间站"的对接方式和日本的"H-2转移飞行器"飞船一样。

目前使用的第二代"载货龙"飞船是在"载人龙"飞船的基础上改进的，有更大的运载能力，改用自动交会对接。

用机械臂捕获改进型"天鹅座"飞船

链接：美国轨道科学公司研制的"天鹅座"飞船于2013年9月18日进行了首次验证飞行，此后正式投入使用。它由加压货物舱与通用服务舱组成，采用成熟技术，目的是降低成本、风险，缩短研制周期。

已发射的"神舟"载人飞船都一样吗？它有几大特点？

到 2022 年 12 月，我国已成功发射了 15 艘"神舟"系列飞船，其中 5 艘是无人飞船，10 艘为载人飞船，成功率为 100%，所以该载人飞船在技术上比较成熟。

1 三舱构型

神舟一号结构

我国在火箭和返回式卫星方面已拥有相当坚实的技术基础和丰富的研制经验，加上可借鉴的国外研制载人飞船的经验，所以决定一步到位，越过 1 舱式飞船、2 舱式飞船，从当今最先进的飞船起步，直接研制 3 舱式载人飞船"神舟"，达到国际第三代载人飞船的水平。

航天五院抓总研制的"神舟"飞船采用由轨道舱、返回舱和推进舱组成的 3 舱式构型，总长为 8 米（不包括附加段或对接机构），圆柱段的最大直径 2.5 米，推进舱后端面与运载火箭对接处最大直径 2.8 米，总质量约 8 吨，乘员人数 3 人，飞船内航天员自由活动空间 6 立方米。飞船有效载荷质量在入轨时不小于 300 千克，返回时约 100 千克。其可靠性为 0.97，航天员的安全性为 0.997。该飞船可自主飞行 7 天，停靠飞行 180 天。

链接：飞船在返回地面时，为了减速、防热及结构上的需要，希望返回质量越小越好。因此，一般真正返回地面的只有返回舱，这也是飞船采用分舱设计的重要原因，它像飞机在空中抛掉空油箱和多级火箭抛掉熄火后的子级火箭一样"轻装下阵"。

飞船各舱的排列顺序也很有讲究，如把返回舱装在最前面，可减少一次分离，但需要尺寸大，且工作和生活不方便。飞船返回舱的外形设计也十分重要，通常采用无翼的大钝头旋转体，有的是球形，有的是漏斗形，有的是钟形。"神舟"飞船返回舱采用钟形，这种简单外形具有结构简单、工程上易于实现等特点。

轨道舱位于飞船前部，为密封舱结构，外形为两端带有锥段的圆柱形，圆柱段直径 2.25 米，总长为 2.8 米，用于航天员入轨后的工作、吃饭、方便、睡觉和交会对接等。早期"神舟"飞船中有的在轨道舱前端连接了一个附加段。附加段是为有效载荷进行空间应用试验的舱段，为非密封结构，其构型随有效载荷的要求而有所不同，基本结构为箱体结构，长、宽、高的尺寸约为 0.9 米、1.27 米和 0.8 米。

组装完毕的"神舟"飞船轨道舱（左）和返回舱（中）

返回舱位于飞船中部，为密封舱结构。其外形为由球形大底、锥段和小端球台构成的钟形，最大直径 2.5 米，长度也为 2.5 米。返回舱是航天员的座舱，也是飞船的控制中心，还是唯一可以再入大气层返回着陆的舱段。航天员在上升段和返回段飞行过程中都坐于返回舱内。它具有着陆后支持航天员陆上生存 48 小时、海上生存 24 小时的能力。返回舱前端通过连接分离装置与轨道舱相连接。返回舱后端与推进舱的气、液和电路连接通过返回舱侧壁的分离密封板组件实现。

推进舱位于飞船后部，为非密封结构，轨道和姿态控制提供动力，为飞船提供电源并为飞船密封舱内的排热调温提供手段，三舱状态下在轨飞行期间，推进舱还负责为航天员供氧，并为各分系统的部分设备提供安装空间，因此推进舱在飞船中起着服务舱的作用。

神舟七号返回舱着陆

链接： 推进舱圆柱段外壁装有辐射散热器，中部两侧装有一对总面积约24.48 平方米的可单轴旋转的主太阳电池翼，供电功率 1.8 千瓦，提供整船在轨运行所需电能。推进舱后锥段装有 4 台 2500 牛的变轨发动机，侧壁装有姿态控制发动机，提供飞船自主飞行所需动力。

"神舟"飞船推进舱后锥段安装了 4 台变轨发动机

2 三种状态

为适应不同阶段的任务变化，"神舟"飞船先后有三种技术状态。

一是初期试验技术状态。这是在载人飞船发展初期，进行无人飞行试验和载人飞行试验时的技术状态，神舟二号到神舟六号飞船都采用这种技术状态。其特点是轨道舱留轨利用进行空间应用试验，所以轨道舱上安装有一对太阳电池翼和独立的姿态控制系统，具备卫星所应有的功能。为增加空间应用试验的有效载荷，必要时在轨道舱前面增加一个附加段。

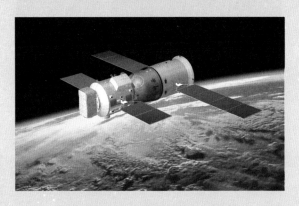

神舟五号采用初期试验技术状态示意图

二是出舱活动试验技术状态。神舟七号飞船采用这种技术状态。因为该飞船用于完成太空行走任务，所以其轨道舱除具备生活舱功能外，还作为出舱活动用的气闸舱，航天员从轨道舱的侧舱门出舱。轨道舱装载了舱外航天服，配置轨道舱泄复压系统、出舱支持设备和舱外行走的扶手。因此，轨道舱不再执行留轨任务，所以取消了太阳电池翼和姿态控制系统。

三是天地往返运输器技术状态。从神舟八号起所有飞船都采用这种技术，因为从神舟八号起所有飞船都用于与天宫一号目标飞行器进行交会对接试验，以及作为天地往返运输器与空间实验室和空间站之间进行人员和物资往来运送，轨道舱也不再留轨利用，所以轨道舱都没有太阳电池翼和姿态控制系统等设施，而且在轨道舱的前端会安装一套空间对接机构和用于交会对接的测量、运动控制等设备。

链接： 从神舟八号起，"神舟"飞船就定型了，每艘飞船基本一样。神舟八号不仅有交会对接功能，对接后形成直径 0.8 米的航天员转移通道，而且改进了手控设备，增加了 8 台平移发动机和 4 台反推发动机，使飞船可向前、平移和后退，对接时运行更自由，同时提供了紧急避撞的动力，可及时返回撤离。另外，其推进舱太阳电池翼发电能力由 1.2 千瓦增加到 1.8 千瓦；增加了牵顶伞，进一步提高了整个回收系统的可靠性。

神舟八号飞船在轨飞行示意图

在上述三种基本技术状态中，飞船的总体构型基本不变，船上的基本系统组成不变。实际上每次飞行试验的飞船技术状态都不完全一样，根据每次飞行试验的目的和任务会对乘员、有效载荷和其他相应分系统的配置进行一些调整。

3 ☞ 几大特长

第一，起点较高。我国没走美、苏两国的老路，先研制 1 舱式或 2 舱式载人飞船，再研制 3 舱式载人飞船，而是直接研制当时最先进的 3 舱式载人飞船。

第二，能一船多用。有"神舟"飞船的轨道舱可留轨利用半年，相当于免费发射了 1 颗卫星。

第三，智能化程度高。例如，"神舟"采用了信息技术的最新成果，从自动化控制、制导与导航到数据管理，从应对故障的冗余设计到液晶显示设备，其电子技术和智能化水平都远远领先俄罗斯的"联盟"载人飞船。其太阳电池翼能自动对准太阳。

第四，防热技术具备了世界先进水平。"神舟"飞船返回舱最大直径为2.5米，表面积是22.4平方米，使用的防热材料总质量约500千克。而"联盟"飞船返回舱直径约2.2米，表面积是17平方米，但它的防热材料总质量达700千克。

第五，降落伞最大。其主伞足有1200平方米。其引导伞将减速伞拉出拉直；减速伞把速度从200米/秒减至80米/秒；主伞把速度减至6米/秒。整个伞叠起来只有一个手提包大小，质量仅90多千克。

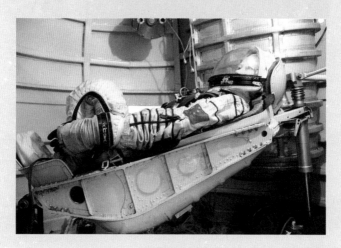

太空"模拟人"

第六，首用太空"模拟人"。我国神舟二号到神舟四号无人试验飞船都装了"模拟人"。它由人体代谢模拟装置、拟人生理信号设备和形体假人组成，能够定量模拟航天员在太空中的重要生理活动参数，如耗氧、脉搏等，并随时受到地面指挥中心的监控。以"模拟人"这种无生命载荷取代动物，在飞船内模拟、检验飞船载人状态，这在世界上是首创，比使用动物进行实验更科学，所获数据参考价值更大。

别看"神舟"是一种小型载人航天器，但它由载人飞船系统由飞船系统总体和13个分系统组成。这13个分系统分别是：结构与机构、环境控制与生命保障、制导导航与控制、推进、测控与通信、数据管理、电源、回收着陆、热控、仪表与照明、应急救生、乘员、有效载荷。其中乘员分系统和有效载荷分系统分别属于航天员系统和飞船应用系统的装船部分。

"神舟"飞船上为航天员提供飞行数据的仪表

链接： 这些分系统是飞船上为完成某一特定功能的仪器、设备或部件的组合。它们涉及物理（机、电、光、热）、化学、生物、天文、医学和环境等数十种学科领域，所包含的技术的多样性和研制的复杂性。其中的环境控制与生命保障、回收着陆、仪表与照明、应急救生、乘员等分系统为载人航天器特有。另外，乘员和有效载荷分系统属于航天员和空间应用系统的装船部分。

"天舟"货运飞船货运能力有多大？该系列飞船身怀哪些"绝技"？

2017 年 4 月 20 日，我国用长征七号遥二中型运载火箭从海南文昌航天发射场成功发射了首艘货运飞船天舟一号；2021 年 5 月 29 日，发射了天舟二号；2021 年 9 月 20 日，发射了天舟三号；2022 年 5 月 10 日，发射了天舟四号；2022 年 11 月 12 日，发射了天舟五号。

天舟一号总装现场

1 五大任务

货运飞船是空间站的地面后勤保障系统，其主要任务有五项：一是为空间站补给推进剂、空气等物资，以及运送空间站需要维修和更换的设备，延长空间站的在轨飞行寿命。二是为空间站上的航天员运送工作和生活用品，保障空间站航天员在轨中长期驻留和工作。三是为空间站运送空间科学实验设备和用品，支持和保障空间站具备开展较大规模空间科学实验与应用的条件。四是支持开展适应货运飞船能力的空间应用和技术试验。五是配合空间站进行组合体轨道和姿态控制，提升空间站的轨道高度，带回空间站上的废弃物，受控陨落于预定区域大气层烧毁。所以，货运飞船是空间站运行过程中的重要补给线。

我国"天舟"系列货运飞船是中国载人航天工程"三步走"战略中载人空间站工程的重要组成部分，于 2011 年立项，由航天五院抓总研制。2013 年，货运飞船被正式命名为"天舟"。

2 货船组成

"天舟"货运飞船由货物舱和推进舱组成，其中货物舱安装货物、设备，推进舱为货运飞船提供电力能源、推进控制动力并装载推进剂。其长为 10.65 米，最大直径约 3.35 米，太阳电池翼展开后最大宽度 14.9 米。

"天舟"货运飞船尺寸

链接："天舟"包括13个分系统：结构与机构分系统、制导导航与控制分系统、测控与通信分系统、数据管理分系统、电源分系统、仪表与照明分系统、推进分系统、对接机构分系统、热控分系统、环境控制分系统、货运保障分系统、空间技术试验分系统、总体电路分系统。

"天舟"货运飞船研制充分借鉴了"天宫"空间飞行器平台的主要技术，还融合了"神舟"载人飞船的主动交会对接技术，并针对货运的特色和留轨任务需求进行设计。它采用了"天宫"空间飞行器的构型、"神舟"载人飞船的电气系统、"天宫"与"神舟"飞船的交会对接技术。

整船最大装载状态下质量达 13.5 吨，上行货物运输能力为 6.9 吨，所以其载货比（所载货物质量与飞船总质量之比）高达 51%，位居世界第一；每次货物的运载量在全球现役货运飞船中也是最大的。所以可以少花钱、多办事。其运载能力是根据空间站的规模设计出来的，并能以最小的结构质量达到最大的装货能力。每艘"天舟"货运飞船可停靠空间站 1 年，供电能力不小于 2700 瓦。

 **型谱设计**

"天舟"货运飞船还采用了型谱化和模块化设计，货物舱有全封闭、

半开放、全开放及小型舱段运输型 4 种构型，形成全密封、半密封、全开放、小型舱段运输型货运飞船 4 种型谱，因而未来能满足空间站不同货物运输需求进行不同种类物资的运输，且前三种皆具备推进剂在轨补加能力。推进舱不变。

全开放"天舟"货运飞船外形

全密封货运飞船主要用于空间站舱内载荷货运，运输航天员消耗品、密封舱内设备与试验载荷；半密封货运飞船除可以运输密封舱内货物外，还可以满足包括太阳电池翼等舱外物资的运输需求；全开放货运飞船主要用于大型舱外货物的运输；舱段运输型的可以部署 5 吨级小型舱段。

链接： 采用模块化设计可提高货运飞船任务适应能力，便于任务拓展，使飞船建造类似于搭"积木"。模块间技术和产品能实现共享和通用，从而降低了研制成本，缩短了研制周期，能通过有限的飞行试验快速提高平台可靠性。

4 在轨加注

与以往的"神舟"飞船推进舱不同，"天舟"货运飞船推进舱几乎是全新的产品。其推进舱由"神舟"飞船的一层推进舱变成了两层，贮箱数量由原来的 4 个增加为 8 个，它们分属于两个独立设计的推进剂储箱系统，所以不仅可为空间站携带一箱推进剂，还能把用于自身控制的推进剂"转

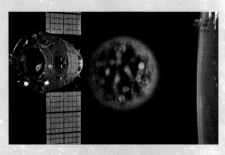

天舟三号飞行示意图

让"出去。

推进舱可以装载 2.4 ~ 3.5 吨的推进剂。推进剂补加每次需要 5 天左右。以前我国"神舟"飞船的对接机构主要是电路连接，为了补加燃料，"天舟"货运飞船跟空间实验室或空间站的对接机构增加了液体连接，而且推进剂和氧化剂分别有不同接口。燃料补加共有 30 多个步骤，所需地面操作十分复杂。

链接： "天舟"飞船在轨加注主要依靠两个航天器的压差来实现。加注时，"天舟"的气箱开始加压，而空间实验室或空间站的气箱压力降低。加注有 4 个管道，29 个步骤，一次加注从准备到完成需要 5 天。加注的关键技术和难点是：靠两个航天器及一些关键设备协同完成，包括对接后不能污染接口，加注完后要吹气等。在太空加注燃料不容易，因为两个对接机构对接时肯定是有一定偏差的，这需要通过浮动来消除偏差的影响，实现准确的对接。为了防止泄漏，制定了 500 多种预案。

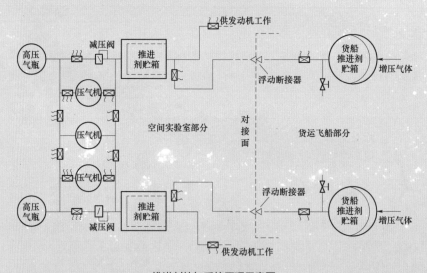

推进剂补加系统原理示意图

5 三维数字

"天舟"货运飞船是我国在载人航天器研制中首次采用全三维数字化协同设计手段开展总体总装设计的，首次实现了载人航天器总体和各分系统、制造厂、总装厂间的全三维协同设计，摸索实践了机械总体全三维设计、制造、总装的研制模式。

货运飞船系统建立的基于全三维模型的协同设计模式显著提高了设计效率和设计质量、缩短了设计周期、降低了设计成本，已经在空间站工程等航天器研制上获得推广应用，为数字空间站建设奠定了坚实的基础。

以构型布局设计为例，传统模式中，设计人员在二维图纸中进行设备布局、调整、送审，货船单舱段的设备布局需要 30 人天；而采用全三维数字化设计后，只需要 15 人天。货船的管路系统、电缆网、直属件和总装设计采取三维设计后，工作效率提高了约 50%，整船的总装详细设计研制周期缩短约 45%。

测试天舟四号货运飞船

"天舟"货运飞船的构造类似于天宫一号、二号，由大直径的货物舱和小直径的推进舱组成，货物舱用于装载货物，推进舱为整个飞船提供电力和动力及装载补加推进剂，但这只是表象。其实，"天舟"货运飞船内部有大大的玄机，其物资上行能力近 7 吨，接近天宫一号的 2 倍，高于俄罗斯研制的进步 M 货运飞船和美国天鹅座飞船扩展型，载货比同样高于日本和欧洲的货运飞船。这是因为天舟一号拥有两大利器，所以能够高效承载。

6 简约货架

"天舟"货运飞船能够实现大承载，是因为其内部采用了高效承载货架设计。从表面上看，这种货架和普通的书架类似，但其细节和构型都是经过多轮分析讨论的结果，货架采用了一种基于蜂窝板、碳纤维立梁的梁板结构，从而形成了大量的标准装货单元，传力效果好，结构与货物质量比达到 8%。

同时，采用了适用于蜂窝板的预埋封边梁方法，巧妙地消除了蜂窝板结构锐边，这样既可避免划伤人手，又解决了边缘薄弱、易破坏的问题。为不断挑战承载极限，设计师还精心设计了一种大承载、轻量化预埋结构，这样既能适应传统刚性结构安装，又可适应柔性束缚带的连接承载，经过测试，用 3 个这种预埋结构就可以承载一台豪华轿车。此外，大承载货架结构与密封舱主结构的连接环节也是结构设计一大亮点，所采用的碳纤维结合铝合金设计，避免了在轨环境下内压载荷对结构造成的破坏。这一项项先进、便利的技术成就了高效承载的货架结构，保证了"天舟"货运飞船能稳固地运送货物。

"天舟"货运飞船的货物舱内设计了 40 个货格。货舱纵向划分为 4 个象限，横向划分为 A、B、C、D 4 层。每个货包按坐标编号查找，同时货包上有二维码，扫描后能获得货物的位置信息和产品信息，还能对产品信息的库存数量做到动态掌控，把空间站货物一分一厘的变化都记录下来，从而确保航天员的工作生活更加轻松便捷。

"天舟"货运飞船密封货物舱内的货格与航天员通道

7 多种货包

由于"天舟"货运飞船要运送的物资中有许多精密的仪器设备和航天员用品，在发射段受力又大，生怕磕碰，因此只用高强度的货架还不行。对于敏感的电子器件、机械硬件系统及其他生活物资等，通常采用"软包装"或类似方法来实现装载、运送。这种"软包装"与传统的硬连接不同，它是包裹在泡沫或气囊袋里面，再一起固定在货架上，而不是直接与运载工具的内部货架结构相连接。

"天舟"货运飞船上的梯形货包

由于"软包装"为装载对象提供了一个柔软的、高阻尼的、分布式系统的支撑，所以可以获得一个高度隔离／减震的载荷环境，也为货物的上行运输提供了更好的适应性和合理的货包绑扎方式。货包设计得过硬不行，容易与货架进行磕碰，过软也不行，不能有效保护货物。结构和总装的人员在试验现场待了 3 个月，终于确定了绑扎方式和内部泡沫的设计。

为了使装载效率更高，根据货船的圆形舱体结构，航天工程师设计出了 26 种不同尺寸规格、不同形状的货包，包括梯形、楔形等。同时，对货船舱内的结构也进行了特殊设计，利用蜂窝板搭起了货格，以装载不同规格的货包。货包使用的布料添加了螃蟹壳，所以能有效抗菌。为了保护好货包并方便航天员取用，每个货包都会被类似飞机座椅的安全锁扣固定，航天员单手就可以取下来。

天舟一号货运飞船内的货包

8 其他神器

为防止与太空垃圾迎面撞上，"天舟"货运飞船装有力学环境测量系统，它具有飞行器结构撞击智能感知与定位功能，能够进行全飞行时段的综合力学环境监测，不只包括传统的振动、冲击、噪声环境，更可以在第一时间感知到太空垃圾撞击的位置和受损程度，甚至还能检验飞船结构设计、货物装载合理性，为在轨损伤修复和结构优化设计提供帮助。

"天舟"货运飞船推进舱上面装有中继卫星天线

在突破了分路汇聚技术、网络芯片的单粒子防护技术、网络协议的航天工程化应用等多项技术难点后，"天舟"货运飞船上构建了一个标准化的、高速的、大容量的开放性网络平台。它不仅能支持船内高清视频、大批量载荷数据的传输，还可以无缝接入空间站网络，因此"天舟"货运飞船率先推动航天器数据传输跨入吉比特高速时代！

我国新一代载人飞船新在哪里？这种飞船主要用途是什么？

2020 年 5 月 8 日，航天五院研制的我国新一代载人飞船试验船在圆满完成了预定任务后成功在酒泉东风回收着陆场着陆，这标志着该试验船的飞行试验任务圆满完成，从而为下一阶段新一代载人飞船的研制指明了方向，也意味着中国载人航天工程迈出了探索浩瀚宇宙新的一步。该飞船于 2020 年 5 月 5 日由我国长征五号 B 遥一大型运载火箭发射升空。

1 三大特征

我国新一代载人飞船的设计和研制，采用了当今世界最先进载人飞船的思路和技术，具有目前正在研制的全球超一流载人飞船的三大特征。

一是用途十分广。新一代载人飞船既可以在近地轨道飞行，为空间站提供人员和物资的天地往返运输，也能完成载人月球探测等载人深空探测任务，甚至还可以运货。

二是运载能力大，载人多。它每次可以运送4～7人，而目前使用的"神舟"载人飞船每次最多可运送3人。虽然新一代飞船采用两舱构型，但其直径比"神舟"载人飞船都大。其目的是把内部加压空间都集中在一个舱段内，以便明显增加航天员的舒适度，多搭乘航天员，降低成本，提高可靠性。

三是可以重复使用。因此，它能大大降低载人飞船每次的飞行成本。

我国新一代载人飞船试验船总装现场

链接： 新一代载人飞船的设计特点是具备高安全、高可靠、适应多任务和模块化。此次发射的试验船主要对新一代载人飞船进行高速再入返回防热、控制和群伞回收等七大关键技术进行飞行验证，为未来载人航天奠定了更坚实的基础。

2 多个首次

新一代载人飞船是面向我国载人航天未来发展需求而论证的新一代载人天地往返运输飞行器，全长约9米，最大直径4.5米，最大发射质量23吨。在充分继承我国载人航天工程已有技术的基础上，它在结构、推进、回收、能源、热控、电子、人机交互和可重复使用等方面采用了一系列先进技术，使飞船具备高可靠、高安全、低成本和宜居的特点，创造了中国载人航天器领域的多个首次，这充分体现出我国载人航天领域"好、快、省"的发展理念。

链接： 与"神舟"飞船的钟形返回舱不同，新一代载人飞船的返回舱采用流畅的倒锥形钝头体气动外形，这是因为倒锥形空气升力更大，能在以第二宇宙速度高速返回时依靠空气阻力减速，使飞船可以更加平稳、精准地落地。

新一代载人飞船试验船进行振动试验

3 大两居室

跟"神舟"飞船三舱式结构不同，新一代载人飞船采用两舱式构型，由返回舱与服务舱组成。其返回舱是整船的指令中心，也是航天员生活居住的地方，可乘坐 6 ~ 7 名航天员；服务舱是整船的能源与动力中心。

返回舱采用金属结构与防热结构分开的双层壳结构，里层的金属结构内是航天员的"驾驶室"，只安装了环控生保、人机交互等直接关系到航天员生命安全和飞船操控的设备，这样就腾出了大量空间，也最大限度地避免了大量设备和航天员共处一室的安全隐患，因而具有容积大、密封性好、舱内视野遮挡少等特点。

采用这种设计方式，可以使设备不占空间，让人的活动空间大大增加了。新一代载人飞船的"驾驶室"可以分为工作区、娱乐区、餐饮区及卫生区，能为航天员提供更舒适的乘坐环境。据悉，未来这里还将配置生活娱乐大屏，让航天员的太空旅行变得更加丰富多彩；配置穿戴式显示仪表，让航天员可以时刻了解飞船的"健康"状况。

神舟十二号载人飞船　　　新一代载人飞船试验船

我国两代载人飞船构型对比

链接： 新一代载人飞船外层的防热结构采用了耐烧蚀的新型轻质防热材料，质量比"神舟"飞船减少超过 30%，而防热效率则是"神舟"飞船的 3 倍。它不仅守护了返回舱的安全，首次采用的可拆卸更换设计，还能有效地提高返回舱的重复使用率。

4. 重复使用

目前，世界上所有已投入使用的载人飞船都是一次性使用的，因为不能像航空飞机那样重复使用，所以成本很高。所以，为了降低进入太空的成本，未来载人飞船一个重要发展趋势就是重复使用。

我国新一代载人飞船的返回舱是可重复使用的。它采用金属结构与防热结构分开的设计方式，返回后只需要更换防热结构即可，金属结构和舱内设备能重复使用。例如，星敏感器、计算机等一些高价值的设备，原先都放在服务舱里的，再入大气层时会被烧毁。现在，经过优化设计，把它们由服务舱调整至返回舱安装，这样就可以随返回舱返回地面后进行回收利用。在返回舱外包覆我国自主研制的新型轻质防热结构，执行完任务后只需更换轻质防热结构，并经过规范严格的检测，就可以再次执行载人航天飞行任务了。

新一代载人飞船试验船返回舱的金属结构与防热结构是分开安装的

对接机构也很"金贵"，为此，工程师用与防热结构一样的材料给飞船设计了一个"帽子"。飞船与其他飞行器对接的时候就把"帽子"掀开，露出里面的对接机构，等返回地球的时候再把"帽子"戴上，以保护里面的设备再入大气层时不被烧坏，从而继续使用。

5 更加安全

因为是超级"大船",所以试验船的返回舱在返回时首次采用了群伞气动减速和气囊着陆缓冲技术,可将质量约6吨的返回舱速度由近200米/秒平稳减速至零。与国外目前在研的"猎户座""载人龙"和"星际航船"飞船的返回舱相比,我国在回收质量和开伞动压等关键技术指标方面已达到国外同等水平。

它在返回时不像"神舟"飞船那样,靠1具引导伞、1具加速伞、1具牵顶伞、1具主伞来减速,而是采用了由2具减速伞和3具主伞组成"群伞减速"回收方案,并在备份上进行了科学设计,这样即使是在1具减速伞或主伞失效时,也能保证舱体减速着陆,所以更安全。这3具主伞,每一具都与"神舟"飞船的降落伞面积相当,面积之和相当于五六个标准的篮球场。

另外,返回舱落地前,不像"神舟"飞船返回舱使用缓冲发动机减速,而是使用6个充气气囊帮助舱体平稳"软着陆",最大限度地保证了返回舱的安全、完整回收。这6个大型缓冲气囊均安装在飞船底部,它们有序排列在船舱底部一周,每个缓冲气囊充满后相当于一个卡车轮胎大小,像自带的大气垫,以确保船舱的底部着陆和未来航天员乘坐体验良好。

试验船使用群伞返回(前期试验照片)

链接: 航天五院508所专家黄伟介绍,针对新一代载人飞船的特点,经多个方案比较选择了气囊。气囊的优势主要在于:可重复使用,适应更复杂地形,落水还能起到漂浮作用,能缓冲水平速度、着陆稳定性好。但相对"神舟"飞船所用的着陆反推形式，气囊的缓冲行程固定，而发动机可以设置不同启动高度，且气囊的控制精度更难以保证。所以说其实是各有优势，但针对新一代载人飞船，用气囊更合适。

6 关键技术

总之，我国新一代载人飞船试验船这次飞行验证了七大关键技术，它们都表现完美。

一是在轨飞行阶段，首次采用的国际上推力最大的单组元无毒发动机成功完成首秀。该发动机使用的硝酸羟胺推进剂具有无毒、无污染、低冰点、密度大、比冲高和使用维护成本低等优点，后续将全面替代现有推进剂，进一步提高航天员的安全性。

二是首次采用的国内目前空间飞行器用的最大容积表面张力贮箱表现完美。这一贮箱采用铝合金内衬＋复合材料缠绕结构，装载量更大，能为试验船提供更大的轨道机动能力。在轨飞行期间，试验船轻松完成了多次变轨，进入了大椭圆轨道，为大再入角高速再入返回创造了充分条件。

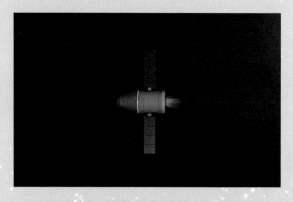

新一代载人飞船试验船启动发动机变轨模拟图

三是更加全面的综合电子系统不负所托。任务过程中，该系统出色地完成了整船总线管理、时间系统管理、数据存储、触点信号处理，以及热控管理等功能，让飞船的运行更高效。

四是更加智能的自主轨控技术发挥出色。在轨运行期间，姿控发动机进行姿态控制，保持了三轴对地姿态及变轨和制动期间的姿态稳定性；轨控发动机实现多次变轨，并成功执行返回制动，精准操控着试验船完成太空飞行。

五是在再入返回阶段，首次采用的新型防热结构与材料经受考验。整个防热结构在质量同比减少超过 30% 的基础上，保持了极高的防热效率。采用的新型轻质防热材料不仅承受住了再入返回过程中上千度的高温烧蚀，守护了返回舱的安全，而且防热结构首次采用可拆卸更换设计，能够有效提高可重复使用率。返回后只需进行一次"体检"，更换一套新的防热结构，返回舱就又能投入下一次任务。

六是首次采用的群伞气动减速和气囊着陆缓冲技术护航回家路。返回舱进入大气层，到达指定高度后，2 具减速伞和 3 具主伞依次打开，成功将返回舱的速度从"飞机飞行速度"降为"汽车市区行驶速度"；落地之前，6 个气囊充气打开，帮助舱体平稳"软着陆"，最大限度地保证了返回舱的安全、完整回收。

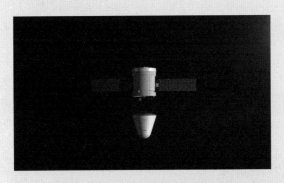

新一代载人飞船试验船两舱分离模拟图

七是量身定制的在轨数据获取系统为未来研制提供科学支撑。任务期间，该系统通过多种传感器网络，获取了船箭分离冲击载荷，以及运载发射、在轨飞行和返回着陆过程的载荷环境；通过测量返回舱大底和侧壁表面特征点的压力和温度，获取了返回舱高速再入过程的气动力和热特性参数。这些宝贵数据都将为新飞船后续型号研制优化提供重要参考。

经过任务验证，新一代载人飞船试验船的主要技术指标已经达到国际先进水平。与国际先进的天地往返航天器相比，我国新一代载人飞船的能力毫不逊色，都具备适应多任务需求能力、更大的轨道机动能力、兼顾陆上和水上着陆等能力。

新一代载人飞船试验船最后使用气囊着陆

空间站及其他技术篇

世界第一座空间站是什么样的？苏联的 7 座"礼炮"空间站都一样吗？

　　很多人不相信在空中能盖房子，自古以来一般都把在空中建楼阁比喻为虚幻的事物或脱离实际的空想，但也可喻为高明通达。随着科技的发展，1971 年 4 月 19 日，空中楼阁终于成为现实，因为在那一天苏联成功发射了世界第 1 个空间站——礼炮 1 号，标志着人类进入太空开始一个新阶段。

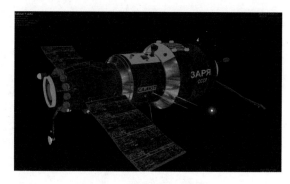

礼炮 1 号空间站示意图

1 航天母舰

　　用金属制造的空间站与潜水艇等舰船很相似，由舱段组成，只不过它不是在海上航行，而是在太空遨游。与载人飞船和航天飞机这两种载人航天器相比，空间站最大的特点是寿命长、容积大、功能强，所以很适合航天员在里面进行多种科研活动，因而有人称空间站是不落的航天母舰。

　　说起礼炮 1 号的研制，它与美国和苏联在冷战时期进行太空争霸、竞相进行载人登月有关。在这场竞争中，美国获得了胜利，于 1969 年 7 月率先把人送上了月面，因此，苏联放弃了载人登月计划，而把建造载人空间站作为未来航天计划发展的核心和一项国策。

礼炮 1 号是一种试验性单舱式空间站，质量约 18 吨，总长 16 米，最大直径 4.1 米，可居住空间 85 立方米，太阳电池翼的翼展 11 米。它由对接过渡舱、轨道舱和服务舱 3 个部分组成，其中对接舱和轨道舱是密封舱，可供航天员生活和工作，服务舱为非密封舱。

对接了联盟 11 号载人飞船的礼炮 1 号空间站在轨飞行示意图

位于头部的对接过渡舱用于对接联盟号载人飞船，航天员和物资由此对接舱口进出空间站。其内部装有猎户星座望远镜的部件、相机和生物学实验设备；外部装有猎户星座望远镜的外露部件、2 个太阳电池翼、交会对接天线、闪光灯、电视摄像机、热控制板和研究微流星撞击的探测板等。

位于中部的轨道舱是礼炮 1 号的"心脏"，由直径为 2.9 米和 4.1 米的两个圆筒组成，内部容积约为 85 立方米，供航天员工作、进餐、休息和睡眠，舱内的小气候保持与地面相同。航天员通过对接过渡舱之后，先进入直径为 2.9 米、长 3.8 米的圆柱形工作区，这里装有控制站体的控制面板。接着，航天员经过 1.2 米的连接段以后，到达直径 4.1 米、长 4.15 米的最大工作区。

礼炮 1 号与联盟 11 号载人飞船组合体在轨飞行示意图

链接： 礼炮 1 号最大工作区的前部用来进餐、娱乐和睡觉，其他地方装有导航和控制用的陀螺系统、控制仪表板和大型观测装置，航天生活需要的食物、水箱和卫生设备等。这 2 个不同直径的舱段连接处存放药品和简单的锻炼器械。

位于尾部的服务舱内装有 1 台机动变轨发动机、1 台姿态控制发动机和推进剂。机动变轨发动机可多次启动工作。该舱外装了 2 个总面积约 23 平方米的太阳电池翼、交会雷达天线和电视摄像机等。摄像机用于监视礼炮 1 号的工作情况，可以用来监视礼炮 1 号与运载火箭末级分离的情况。

2 城堡内幕

礼炮 1 号是人类第一个宇宙城堡，其主要基本分系统包括：主控制系统，它既可自动工作，也能由航天员手控或地面遥控工作；方位和运动控制系统，用于对接操纵；发动机姿态与机动控制系统，用于轨道机动和交会操纵；无线电指令与电视控制系统；远距离通信系统；无线电遥测系统，用于探测目标飞船；电源系统，它包括 2 对太阳电池翼，其外观和联盟号飞船上用的太阳电池翼相似，两者对接后电源可以互相连接，飞船上的电源可供组合体使用；生命保障系统及生物医学装置。

站内有 7 块控制仪表面板，用于监测站内各分系统的工作情况和控制各种仪器设备的工作状态。1 号面板用来控制站内的主要分系统，是其他 6 块控制仪表面板的信息汇合中心；2 号面板用来完成人工天文定向和导航及礼炮 1 号操纵与观测等；3 号面板用来控制礼炮 1 号内的科学仪器；4 号面板用来做医学研究，同时也可控制部分仪器设备；5 号面板用来控制猎户星座望远镜；6 号面板用途与 2 号面板一样，还操作一个小型"温室"，以进行植物生长实验；7 号面板用来控制研究地球物理学的科学仪器，操作对地观测仪器。

礼炮 1 号与联盟 11 号载人飞船交会示意图

链接： 礼炮 1 号空间站上装载的科学仪器有进行天文物理学研究的"猎户座"望远镜；能探测到 100 兆电子伏以上 γ 射线源的安娜 −3 γ 射线望远镜，用来研究宇宙线的组成；装在舱外的微流星传感器，用来研究微流星对礼炮 1 号的撞击；进行地质、气象、海洋和天文学研究的可见光相机和多光谱相机；用来研究人在空间长期失重环境中生理变化的医学设备；用来进行各种生物学实验的生物设备。

3 不幸事件

礼炮 1 号由质子号运载火箭送入高 200 ～ 222 千米，倾角为 51.6° 的轨道上，运行周期为 88.5 分钟。1971 年 4 月 23 日，联盟 10 号飞船载航天员沙达洛夫、耶里谢也夫、鲁卡维士尼科夫上天，实现了与礼炮 1 号的对接，但因飞船舱门失灵，飞船上的这 3 名航天员未能进入礼炮 1 号。

1971 年 6 月 6 日，联盟 11 号飞船载航天员杜勃洛夫斯基、伏尔科夫和帕察耶夫进入轨道。在联盟 11 号与礼炮 1 号对接后，他们进入空间站，并调节了空间站轨道舱的环境，开始了适应性工作。从 6 月 10 日开始，他们按计划进行各项实验工作：测试礼炮 1 号内辐射水平，分析航天员血样，用 γ 射线望远镜观测天文，进行鱼类在"水"中运动实验，种植植物，用相机拍摄地球。6 月 19 日，他们用"猎户座"望远镜观测了恒星。他们还研究了无线电信号的衰减，并对地球和地球天气现象进行了观测。到 6 月 23 日，他们打破联盟 9 号飞船创造的飞行 18 天的载人航天纪录。

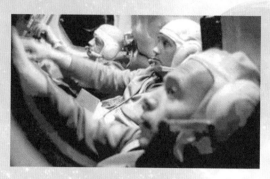

联盟 11 号的 3 名航天员

6 月 29 日 19：28，联盟 11 号与礼炮 1 号分离，开始返回地面。但在返回过程中，由于联盟 11 号返回舱的一个压力调节阀在与飞船轨道舱分离时被打开，结果舱内空气很快泄出，再加上航天员没有穿航天服，所以虽然降落伞安全将飞船回收，但 3 名航天员早已因缺氧窒息而死，原本准备的欢迎会变成追悼会。

此后，地面控制人员曾启动礼炮 1 号上的发动机，阻止礼炮 1 号空间站轨道高度的衰减。1971 年 10 月 11 日，礼炮 1 号最终进入大气层，在太平洋上空烧毁，它在轨道上共运行了 175 天。

链接： 虽然礼炮 1 号只接待过 1 批航天员，但它开辟了一种载人航天的全新天地。难怪苏联宇航科学家福克斯托夫自豪地说："我们拥有一个巨大的空间实验室，里面装着好几吨重的探测设备，有望远镜、摄谱仪、光电光度计、电视设备等。在该空间实验室的工作寿命期间，有许多实验可能不必把人送到空间实验室去就能完成，尽管研究方法只能由人来确定。"

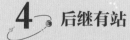

4 后继有站

礼炮 1 号的上天在全球产生了很大影响。此后，苏联又先后发射了礼炮2号～5号，它们与礼炮1号基本一样，属于第1代空间站。其主要特征是站上均只有1个对接口，因而只能接纳1艘客货两用飞船，运送往返人员和少量物品，其科研仪器和主要物品均是发射前就装入空间站内，无法及时补给许多重要物资，这就限制了载人航天的时间和空间站在轨运行寿命。不过，第1代空间站解决了许多相关的重大科技问题。例如，证实了在太空也和地面一样，有必要把住宿、工作场所与交通工具等按各自的特点分别建造，这样才能解除相互间的束缚，获得高效率；人在太空的人造环境中驻留较长时间，可用轮换航天员的办法使空间站的利用率提高；试验性空间站即使是短暂性的，也比其他航天器有较大进步。

组装中的礼炮3号军用空间站

链接： 礼炮1号上天之后，按其使用目的的不同，苏联对"礼炮"系列空间站进行了改型，形成了两种类型的空间站：一种是军用型，另一种是民用型。军用型空间站的外形和结构改变较大，由原来的2对共4个太阳电池翼改为3个较大的太阳电池翼，安装在空间站中段；内部系统的主要变化是增加了军用系统的占比。民用型空间站与礼炮1号相差不大，从外形看，主要改进也是在中部安装了3个大型太阳电池翼。

在第1代"礼炮"系列空间站中，礼炮1号为军民两用型，礼炮4号为民用型，礼炮2号、3号、5号则均为军用型。除在通信制式和频段等方面不同外，军用型的特点是运行轨道较低，以便进行对地侦察，但需要定期进行轨道修正；飞行周期短，且需要定期弹射回侦察密封舱；装有高分辨率相机，站内所有航天员和飞行工程师都是军人。

进入礼炮3号空间站的联盟14号飞船航天员在站内工作5天，对空间的物理特性、地球表面的地质及大气的构成进行研究，还研究了空间环境对人体的影响

第1代空间站本身寿命和载人时间都不长，最长的礼炮4号在轨770天，接待过2名航天员，他们在礼炮4号上生活了90天。

5 "两口"之家

分别于1977年、1982年入轨的礼炮6号、7号与礼炮1号～5号有所不同，为第2代空间站，且由于它们具有实用性质，所以也叫实用性空间站。其主要特点是均有2个对接口，即可同时接纳2艘飞船，从而能把载人与运货分开，延长了空间站寿命和航天员在轨时间。礼炮6号在轨1763天，礼炮7号在轨3215天。由此可见，第2代空间站比第1代空间站运行时间大大增加。

礼炮6号空间站与飞船组合体

为进一步提高空间站安全性和可靠性，延长寿命和扩展应用，礼炮6号、7号空间站还采取了别的措施。例如，为克服大气阻力进行轨道调整，把空间站轨道高度由250千米提高到350千米，以节省推进剂的消耗。

打造礼炮7号空间站

链接： 礼炮1号~5号主要用于技术试验，礼炮6号、7号进行了大量对地观测、空间材料加工、生命科学、天文和地球物理学等研究。后者新增加的专用设备主要有地球资源照相系统，它能够多路实时传送资源信息；广角对地观测系统；全波段大气数据望远镜，可应用于气象观测和天文观测。此外，还有恒星望远镜、零重力实验系统和生物实验装置等。

礼炮7号空间站与联盟-T5飞船的组合体

简言之，苏联在太空飞翔的7座"礼炮"系列空间站为世界载人航天做出了重要贡献。

在太空也能"搭积木"吗？首座多舱段空间站是如何建造的？它有哪些优点和成就？

许多小朋友都喜欢玩搭积木。其实，现在有不少房屋也采用类似搭积木的方式建造，所以建造速度很快。在太空"盖"房子也可以采用这种方式吗？回答是肯定的，苏联/俄罗斯就曾因建造过采用积木式构型的和平号空间站而红极一时。

在轨组装完毕的和平号空间站

1 对接核心

1971—1982 年，苏联先后发射了 7 座"礼炮"系列空间站。美国在1973 年发射了"天空实验室"。由于它们都是"一居室"，所以存在容积小、太死板和工效低等缺陷，不能完成规模更大、专业性更强的科学技术任务，并且很难进行长期载人航天。

为了增强空间站的功能，扩大使用范围广，苏联于 1986 年开始在太空建造世界第 1 座多舱段积木式和平号空间站。这是空间站技术的合理发展，由多个舱段在空间逐次交会对接后像积木一样拼接而成。它使过去的"一居室"变成"多居室"，因而比较灵活，大大扩展了航天员的活动空间，具有功能强、寿命长、使用范围广、工作效率高等一系列优点，提高了空间站的工作能力，取得了巨大成就。那么，它是如何建造的呢？为什么花费了10年才完工？

链接： 经过10年的概念研究、设计论证、组件制造，1986年2月20日，苏联用质子号火箭成功发射了和平号的第1个舱——核心舱。它与礼炮7号相似，能提供基本的服务、航天员居住、生命保障、电力和科学研究能力。但它有一个与众不同之处，即其对接舱有6个对接口。这样，该舱不仅用于航天员生活居住，控制整个空间站正常运行，还先后对接上了5个专用实验舱（还有1个对接口用于对接飞船），形成庞大的空间组合体。

　　和平号空间站的6个舱均有太阳电池翼和生命保障系统，因此都能独立地进行太空机动飞行。但它们功能各异，分工明确。

　　核心舱总长为13.13米，最大直径为4.2米，总质量为20.4吨，压力舱容积为110立方米。它由4个基本部分组成：①球形增压转移对接舱，上面装5个直径均为0.8米的对接口（径向1个，侧部对称4个）；②增压轨道工作舱，这是空间站的主体；③不增压服务动力舱，它位于空间站尾部，除装有主发动机和推进剂外，还装有对接天线、探照灯、无线电通信天线等；④增压转移对接器，它位于服务动力舱中央，提供第6个对接通道。核心舱内有1个大桌子供航天员工作和用餐，其两边是加热设备和各种餐具，包括食品柜和冷藏柜；两侧还各有一个个人卧室（内有睡袋）；卧室后边是卫生间，可供航天员洗澡；舱内装有体育锻炼器具，航天员每天需锻炼90分钟。

1986年2月20日上天的和平号空间站核心舱

和平号核心舱的对接舱有5个对接口

2 实验舱段

1987 年与核心舱对接的量子 1 号舱载有望远镜和姿态控制及生命保障设备，用于天文物理观测、地球勘测、医学和生物学研究。该舱内的由荷兰和英国合制的成像光谱仪能探测 2 ~ 30 千电子伏特的 X 射线源；舱内首次安装的 6 个动量控制陀螺仪可协助空间站定向，在天文观测期间定向精度为 10 弧秒。舱内还有德国、欧洲航天局和苏联研制的 X 射线探测仪器各 1 台。

链接： 1989 年对接的量子 2 号舱载有气闸舱、科学和生命保障设备等，用于扩大实验设施，包括出舱活动。舱内还有新的淋浴设备、卫生间、贮水器和 2 个水再生装置（用于回收尿）等，使航天员的生活更加方便舒适。其上的 2 号孵化室、动物室等，用于研究失重环境中鸟类的繁殖。

量子 2 号舱

1990 年对接的量子 3 号舱（又叫晶体号舱）载有科学技术设备、遥感器及与航天飞机对接的多用途对接器，用于研究空间加工工艺，试验新材料加工技术、生物制品生产技术、"望天看地"及与美国航天飞机 9 次对接。舱内有用于材料加工研究的各种熔炼炉，其中 3 个用于生产半导体材料，2 个用于熔炼各种合金材料。原计划用它们每年生产 100 千克的材料，但后因供电不足和设备可靠性等问题没达到预计的产量。舱内的生物设备有电泳仪（用于研究药品）和保加利亚的植物培养装置。

晶体号舱与美国航天飞机对接

链接： 量子4号舱（又叫光谱号舱）载有2吨重的各种遥感仪器、335千克用于研究生物医学和大气的美国设备和45千克供欧洲航天局航天员进行4个月的研究与试验的材料。它是1995年5月20日升空的。

光谱号舱

量子5号舱（又叫自然号舱）是和平号空间站对接的最后1个大型研究舱体，它于1996年4月23日用质子号火箭发射，4月26日与和平号空间站对接，载有对地观测和微重力研究设备，用于了解地球生态状况，研究材料科学、生命科学和生物技术。其上的遥感仪器是俄罗斯最先进的。此外，还有美国、保加利亚、德国、波兰、罗马尼亚和捷克的一些仪器。舱内的金刚石炉温度变化范围在20℃～1270℃，可加工6种样品，持续6～150小时，产量能达千克级，是1种半工业化的实验装置。

和平号空间站：向画面里面的方向联盟号飞船停靠的舱段是量子1号舱，其前面是核心舱，右边是光谱号舱，左边是量子2号舱，朝上的是自然号舱，与自然号舱反方向的是晶体号舱

3 昔日辉煌

与"礼炮"系列实用性空间站相比，和平号空间站运行时间较长，所以是长久性空间站。它除增加对接口外，还有许多其他改进，例如，首次使用了高效砷化镓太阳电池，且核心舱的太阳电池翼总面积是礼炮7号的2倍；设备自动化程度高，能为航天员提供各种显示数据；装有遥控机械臂，有效地解决了实验舱难以在侧向停泊对接的问题；科学设备都装在实验舱内，从而改善了航天员的居住条件；实现了与地面的实时通信；改进了推进剂贮箱加注设备，使进步号货运飞船可向其自动加注燃料；采用了高效率的热管代替了原来传统式的蛇形管供热系统。

和平号在轨组装完毕后全长87米，质量达123吨（如与航天飞机对接则达223吨），有效容积470立方米，其上的各种遥感仪器达50多台，在其应用中占有较大的比例。

和平号空间站上的航天员在弹奏吉他

链接： 和平号在轨运行 15 年，曾创造了一系列世界之最。例如，它是 20
世纪质量最大、寿命最长、载人最多和技术最先进的航天器；俄罗斯航天
员波利亚科夫在和平号上创造的连续逗留 438 天的世界最高纪录一直保持
到现在，美国女航天员露西德曾在和平号上创造了连续逗留 188 天的女子
航天世界纪录（现已由美国女航天员威廉斯在"国际空间站"上改写为
195 天）；共有 12 个国家的 134 名航天员（包括世界各主要教派的代表）
到访过和平号；它绕地走了近 8 万圈，这些都是前无古人的壮举……

4 奇闻轶事

　　说起波利亚科夫，不能不令人
惊叹。为了研究人在失重条件下究
竟可以生活和工作多久，这位医生
自告奋勇去和平号上试验。返回地
面后波利亚科夫说，他在太空的感
觉很好，就是有点儿闷。其实，
波利亚科夫在太空也曾出现了体内
钙流失等问题，但由于坚持锻炼，
所以抵消了许多不利的空间环境影

美国女航天员露西德和俄罗斯航天员一起准备
将她的航天服从和平号空间站
搬运至航天飞机上

响，这对今后的载人行星探测是很有启示的。

美国航天员露西德本来应在和平号上待 170 天，但那样就不能打破俄罗斯女航天员康达科娃在和平号上创造的 176 天女子航天纪录了。美国人为了打破这一纪录，借口去接露西德返回地面的航天飞机出现故障而推迟发射，才使露西德创造了这一纪录。

和平号空间站的竣工时间比原计划延后了 5 年，这是由于苏联解体严重影响了俄罗斯航天技术的发展，特别是和平号空间站的扩展计划，使晶体号舱和自然号舱都晚发射了 5 年。但它让航天员克里卡廖夫成为传奇人物，在太空目睹了一场历史性的变迁。

链接： 1991 年 5 月 18 日，苏联航天员克里卡廖夫乘联盟 TM12 号飞船登上和平号空间站。他原定同年 8 月 30 日返回地面，但由于苏联解体，经济困难，资金短缺，计划中的换人飞船推迟升空，直到 1992 年 3 月 25 日他才乘联盟 TM13 号飞船返回地面，这时苏联已经不复存在，迎接他的是独立的哈萨克斯坦共和国，但其身份为俄罗斯航天员。这一重大政治事件使他成为世界第一位在太空变换国籍的航天员。为了表彰他此次飞行的特殊贡献，俄罗斯将独立后第一个俄罗斯英雄的称号授予了克里卡廖夫，并奖给他 15 万卢布奖金。

克里卡廖夫在和平号空间站内工作

5 商业运作

　　和平号空间站也为苏俄赚了不少钱，开创了空间商业化的新路。和平号空间站上的第1个广告是牛奶广告，此后还有百事可乐广告等。和平号空间站上接待了不少付费前往的航天员，其中费用最高的是日本记者秋山，他于1989年在和平号空间站上飞行了1个星期，目的是庆祝日本广播公司创办40周年，但为此支付了2500万美元，平均每分钟2200美元。此后，外国航天员去和平号空间站均要付费，标准是飞行1个星期付1500万美元。

　　但也有例外，这就是英国女航天员莎曼。当时（1991年）英国首相撒切尔夫人说服了苏联总统戈尔巴乔夫，特批莎曼免费飞往和平号空间站。

　　去和平号空间站次数最多的航天员是索洛维约夫上校。他曾5次登上和平号空间站，16次出舱活动，这是因为他作风严谨，技术高超，所以每次当和平号空间站出大毛病需要修理时，总派他率组前往。

美国航天飞机首次与和平号空间站对接后两国航天员在和平号空间站核心舱内拍摄的纪念照

链接： 航天员在太空也不是只顾工作，不计报酬的。俄罗斯航天员在和平号空间站待1天，就有100美元的收入，出舱活动时另加太空行走费。1996年，航天员齐布利耶夫和拉祖特金进入和平号，但刚上去没多久舱内就着火了，幸亏补救及时，但他们不得不戴着口罩工作了几天。后来，站上的氧气和温控系统接连发生故障，使他们在高温、高湿下工作了一段时间，并导致损失了1艘货运飞船。接着，光谱号舱被1艘货运飞船撞坏且漏气，使航天员面临离站的危险。但这位航天员沉着冷静，排除了故障。然而，在他们返回地面后，有人想把所有过失都加在他们头上，并想不支付他们每人几万美元的酬金。不过，经过几个月的调查后，他们终于得到"平反"。

在和平号空间站火灾中烧黑的仪表板框架

在登过和平号空间站的航天员中，职位最高的是巴图林，这位俄罗斯总统国家安全助理是于 1998 年前往和平号空间站的，主要目的是研究事故丛生的和平号空间站所面临的问题。

为什么要建"国际空间站"？它与俄罗斯和平号空间站有什么不同？

经过 10 多年的建造，世界上投入资金最大、参与国家最多、建造周期最长、技术水平最高、应用范围最广的"国际空间站"于 2011 年 5 月 27 日在轨组装完毕。它的容积约 1000 立方米，质量约 400 吨，包含 13 个增压舱，犹如一座庞大的宇宙城堡。

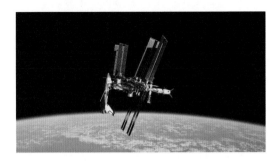

联盟 TMA 飞船于 2011 年 5 月 23 日拍摄的奋进号航天飞机
与"国际空间站"对接的照片

1 几度兴衰

冷战时期，美、苏两国曾在空间站领域开展过激烈的竞赛，结果采用循序渐进战略的苏联先后发射了 7 座"礼炮"系列单舱段空间站，而采用争先跳跃战略的美国只把 1 座名叫"天空实验室"的单舱段空间站送上了太空。

到了 20 世纪 80 年代初，美国发现在空间站领域已大大落后于苏联，而且认识到空间站用途很广，尤其是得知了苏联准备发射采用积木式构型的第 1 代多舱段空间站和平号后，于是美国便下决心在空间站领域赶超苏联。

1984 年 1 月 25 日，里根总统批准建造一个以美国为主、多国合作的长久性空间站——自由号。这个方案比和平号空间站先进，属于第 2 代多舱段空间站，采用桁架挂舱式构型，总质量达几百吨。如果研制成功，可一举超过苏联。

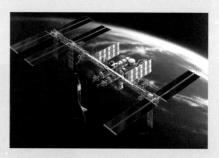

但这次美国没能像载人登月那样如愿以偿。这是因为纯桁架挂舱式构型技术太复杂、费用极高、风险也很大，一直遭到许多人的反对，几乎中途夭折。就在自由号空间站命运岌岌可危的情况下，世界空间站大

经过简化的自由号空间站方案

国苏联解体，这给了美国发展国际性空间站一个千载难逢的机会。因为随着苏联的解体，俄罗斯已不再是美国争夺太空优势的竞争对手了，更重要的是俄罗斯在空间站建造方面有丰富的经验和先进的技术。于是在 1993 年，美国航空航天局对原自由号空间站方案进行了"大手术"，其中最主要的措施是吸收俄罗斯为正式合作伙伴，采用了很多俄罗斯空间站的成熟技术。

链接： 经过反复磋商，最终决定由美国、俄罗斯、11 个欧洲航天局合作国（法国、德国、意大利、英国、比利时、丹麦、荷兰、挪威、西班牙、瑞典、瑞士）、日本、加拿大和巴西共 16 个国家联合建造国际性空间站。

2 没有名字

该空间站在筹建的过程中，美国刚开始叫它"阿尔法"，即希腊第 1 个字母 α，意为世界第 1 座大型国际性空间站，但俄罗斯不同意，认为俄罗斯和平号空间站才是世界第 1 座大型国际性空间站，所以至今也没有正式名称的这座空间站就叫"国际空间站"。

链接： "国际空间站"包含 13 个增压舱，其中 8 个增压舱用于科学实验和航天员居住，1 个增压舱用于为空间站提供初始推进、姿控、通信和储存，4 个增压舱用于对接。另外，还装有 7 段桁架结构、4 对巨型太阳电池翼、1 个移动服务系统、舱外仪器设备等。

1998 年 11 月 20 日发射的"国际空间站"第 1 个舱——曙光号多功能货舱

"国际空间站"由众多国家合作打造，其中美、俄两国是"主力军"，具体分工是：美国研制实验舱、节点舱、气闸舱等各 1 个，以及 7 段桁架结构、4 对太阳电池翼。俄罗斯研制多功能货舱、服务舱、对接舱等各 1 个和研究舱 2 个。欧洲研制实验舱、观测舱、机械臂各 1 个，节点舱 2 个，H-2 转移飞行器多艘。意大利研制多用途后勤舱 3 个。日本研制由增压舱、遥控机械臂、暴露设施和实验舱 4 部分组成的最大实验舱 1 个和自动转移飞行器多艘。加拿大研制移动服务系统 1 个，该系统包括遥控机械臂——加拿大机械臂 -2、移动基座系统、"德克斯特"专用灵巧机械手。巴西提供一些实验用快速托架。2011 年，美国机器人航天员 -2 和我国参与研制的阿尔法磁谱仪 -2 也被送到"国际空间站"。

"德克斯特"专用灵巧机械手在空间站上工作

这些舱体和其他设备由航天飞机或一次性运载火箭分多次运往轨道，然后由站上的遥控机械臂系统和航天员舱外活动进行组装，逐步建成规模庞大、功能广泛的永久性空间站。

3 取长补短

"国际空间站"采用桁架挂舱式构型，即以长达几十米或上百米的组装式或展开式桁架为基础结构，然后将多个舱段和设备安装在桁架上。由于这种空间站有望运行 20 年以上，所以也叫永久性空间站。

其优点很多：灵活性更强，可根据实际需要组成各种不同的形状；安装在桁架上的各个舱段、设备、太阳电池翼的拆卸、修理和更换都很方便；采用集中式供电和使用统一的控制系统，能大大提高空间站的工作效率；其结构不像舱段式那样紧凑，有效载荷安装和使用都很方便，桁架间的宽阔空间使多种观测仪器的安装和太阳电池板的增设变得容易得多。这种空间站的缺点是：规模大、费用高、技术复杂，尤其是需要航天员多次出舱完成组装工作，因此有一定风险。其实，由于采用了很多俄罗斯空间站的技术，"国际空间站"实质上是一个集积木式和桁架挂舱式构型于一体的"混血儿"，目的是减少费用，降低建造难度和风险。

从总体上看，"国际空间站"由两大部分立体交叉组合而成：一部分是以俄制多功能货舱为基础，通过对接舱及节点舱，与俄罗斯服务舱、研究舱，美国、欧洲、日本实验舱对接，形成空间站的核心部分；另一部分是服务部分，即在美国的桁架结构上，安装加拿大的移动服务系统、舱外仪器设备和 4 对巨型太阳电池翼。这两大部分垂直交叉构成"龙骨架"，从而可加强空间站的刚度，且有利于各分系统和科研设备工作性能的正常发挥，航天员出舱装配与维修也很方便，还可使空间站的微重力环境与控制精度达到最佳。

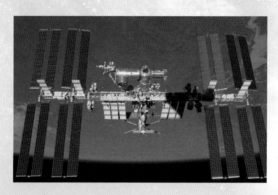

2011 年 5 月 29 日奋进号航天飞机拍摄的"国际空间站"全貌

4 三个阶段

"国际空间站"的建造分三个阶段，每一个阶段都建立在前一个阶段的基础之上，但后一阶段又都比前一阶段有所突破、有所创新。其中后两个阶段采用边装配、边工作的建造模式。可以说每一个阶段都是一座新的里程碑。

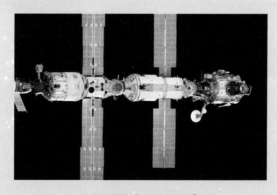

建造初期的"国际空间站"

  1994—1998 年为准备阶段。其主要内容是进行 9 次美国航天飞机与俄罗斯和平号空间站的对接飞行，送美国航天员到和平号上累计工作近 3 年，取得航天飞机与空间站交会对接及在空间站上长期进行生命科学、微重力科学实验和对地观测等方面的经验，训练美国航天员在空间站上的生活和工作能力，从而降低"国际空间站"研制、装配和运行中的技术风险。

  1998—2001 年为初期装配阶段。其主要内容是建立"国际空间站"的核心部分，使空间站拥有初始的载人能力（3 人）。在此阶段先后发射了曙光号多功能货舱、团结号节点舱 -1、星辰号服务舱、命运号实验舱、巨型遥控机械臂和寻求号气闸舱等，寻求号气闸舱的发射及在轨对接的完成标志着第 2 阶段的结束。此时，"国际空间站"达到承载 3 人在轨工作的能力，站上有 13 个科学实验柜和 1 对太阳电池翼（提供 10 千瓦功率）。

用机械臂安装命运号实验舱　　　　　加拿大为"国际空间站"研制的巨型机械臂

  2002—2011 年为最后装配及应用阶段。其主要内容是完成"国际空间站"的装配，达到承载 6 人长期在轨工作的能力。在此阶段先后发射了码头号对接舱、7 根主外部桁架、移动基座系统、4 对巨型太阳电池翼、和谐号节点-2、哥伦布号实验舱、希望号日本实验舱、探索号迷你研究舱-2、瞭望号观测舱、宁静号节点舱-3、黎明号迷你研究舱-1等。2009年5月29日，"国际空间站"长期考察组人数由3人增至6人。

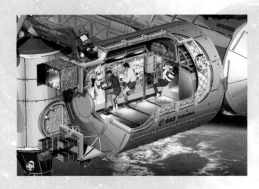

"国际空间站"哥伦布号实验舱剖视图

希望号日本实验舱是"国际空间站"最大的实验舱，分3次用航天飞机运上去组装

"国际空间站"上的瞭望号观测舱像飘窗一样有7个窗户

5 排除万难

"国际空间站"是当代规模最大的工程，也是涉及国家最多的大型国际航天合作项目，因此，在组装、管理、技术和经费上都遇到了一系列严峻的挑战。

例如，由于其规模空前，故整个空间站很难在地面进行联测，而且在空间站在轨组装工作开始时，有些部件还在制造，所以只能在轨边装配边试验。尤其是这些软硬件来自16个国家的数百家厂商，很容易相互影响。因此，制订了一套专用验证计划，以保证质量和匹配。

航天员舱外活动量大也是一个难点。为了安装空间站的大量部件，接通管道和电缆等，航天员需出舱约1400小时，为完成维修任务还需出舱200多小时。另外，出舱接通来自不同国际合作伙伴的管道和电缆也非易事，上天前航天员要在水槽中多次进行舱外活动的地面模拟练习。

"国际空间站"上的生命保障系统比和平号空间站上的先进得多，也复杂得多。如经过长期研制，它才于2009年首次在太空进行水的循环使用……

相互牵扯是"国际空间站"建造过程中最令人头疼的事，因为只要一个主要部件不能按时发射，就会影响整个计划进度。例如，由于俄罗斯星辰号服务舱未能按期交付，"国际空间站"计划因此推迟了1年多；2003年美国哥伦比亚号航天飞机失事后，"国际空间站"工程又停工2年多。

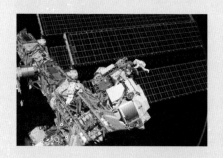
出舱航天员在阿尔法磁谱仪-2旁作业

俄罗斯星辰号服务舱

链接： "国际空间站"建成后其运行管理也不容易，因为每年需由地面为每个航天员送去658千克食品、209千克服装（空间站上有冰箱，但没有洗衣机）和其他个人用品，空间站所需备件和科学试验用品的量就更大了，而运送 1 千克物品到空间站的费用约为 2.2 万美元。由此可见，"养"一个空间站耗资惊人，据估计每年需 13 亿美元。

耗资巨大是"国际空间站"屡遭反对最主要的原因。发现地球辐射带的著名科学家范·艾伦（2006 年去世）说："空间站的费用远远大于它的无可非议的科学目的和实际用途。"

"国际空间站"现在还面临一个大问题，那就是日益老化。由于"国际空间站"建造时间太长了，从 1998 年开始，到 2011 年才结束，犹如太空"马拉松"，所以有可能后来的还没装上去，先装上去的部件已经超过其设计寿命。据悉，"国际空间站"将超期服役至 2030 年。

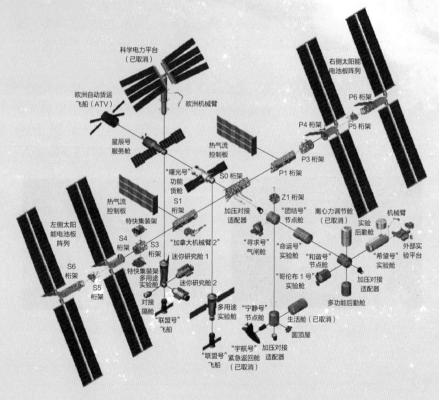

"国际空间站"构型

欧洲航天局有空间实验室吗？它与我国的空间实验室有什么区别？

我国于 2016 年发射了质量为 8.5 吨的天宫二号空间实验室。那么，国外研制过质量较小的空间实验室吗？答案是肯定的，但它比较特殊，必须"借船"才能"出海"，即其需要搭乘航天飞机上天并随航天飞机返回，它就是欧洲"空间实验室"。该空间实验室名副其实，用于在太空开展科学实验。与空间站或我国的空间实验室相比，欧洲"空间实验室"的特点是飞行时间短，可重复使用。它先后 22 次随航天飞机上天，类似"借鸡生蛋"。

1 合作实验

1972 年，美国把大量经费都集中到研制航天飞机上，结果使许多有价值的空间科学技术研究计划难以实施。不过，美国知道开展空间科学研究和微重力实验是未来发展的一个方向，因此应当研制能开展微重力实验和加工的轨道设施，但美国当时深感自己没有这个精力，于是决定求助于欧洲盟友。1973 年 7 月，欧洲批准了这项合作计划，研制装在航天飞机货舱内的"空间实验室"，开展各种空间科学和加工研究，所获得的成果由欧洲和美国共享。

装在航天飞机货舱内的欧洲"空间实验室"

链接： 欧洲"空间实验室"设计寿命为 5 年或完成 50 次飞行任务。原计划在最初的飞行中，"空间实验室"一直固定在航天飞机货舱内，在以后的飞行中可以释放到轨道上成为一个自由飞行体，并由下一次飞行的航天飞机回收。但后者在实际飞行中没有实施。

　　欧洲在研制"空间实验室"的同时，和美国向全球的科学家发出了参加"空间实验室"实验的邀请。20 世纪 70 年代末，共有 2000 多名科学家表示愿意参加，并提出了自己的方案。美国和欧洲经过认真筛选，挑出了来自 15 个国家的 222 名科学家的实验方案。这些实验由随同"空间实验室"飞行的有效载荷专家在轨进行，实验结果通报给方案的设计者。

2 随机搭载

　　"空间实验室"飞行时需搭载在航天飞机货舱内，航天员可在其中进行各种实验，航天飞机轨道器为"空间实验室"提供生命保障。

把欧洲"空间实验室"
装入航天飞机货舱内

　　为了节省资金，又能完成性质全然不同的任务，"空间实验室"采用了模块化设计，因而可根据各种任务要求更换有效载荷。它主要由 1 个 75 立方米的增压舱、1 个或多个 U 形台架（使材料和设备暴露在太空）及 1 个 880 千克的连接"空间实验室"压力舱和航天飞机轨道器的隧道组成。

　　其增压舱由核心舱和实验舱 2 段构成。前者内部装有生命保障系统、数据处理设备、支援系统和工作台，外部设有光窗和观察口；后者内部装有各种科学仪器，顶部设有气闸通道，航天员可以通过这个通道进入开放的宇宙空间。核心舱可单独执行飞行任务，实验舱只能与核心舱组合后执行任务。通常为方便起见，2段组合在一起的增压舱叫长增压舱，只有核心舱的增压舱叫短增压舱。

U形台架上面有18块可安装各种仪器的金属板。为保证仪器的正常工作，台架上还有1套供电系统。台架上安装的往往都是可以暴露在空间的仪器，仪器的操作和控制往往都是由航天员在增压舱或乘员舱遥控进行的。

3 多种组合

根据飞行任务的不同，"空间实验室"各舱段可有多种组合。比较典型的有长增压舱、长增压舱加2个U形台架、短增压舱加3个U形台架、3个U形台架和5个U形台架等。由于航天飞机货舱的限制及返回时携带载荷的限制，"空间实验室"的各种组合要求质量不得超过14.5吨，长度不得超过15米。

"空间实验室"设计了2种舱段，原因是每次太空科学研究任务和方式大不相同。在增压舱里一般只能进行生物医学实验，或那些不需要开放环境及不怕有人干扰的项目。而U形台架则是为大型仪器、需要暴露在空间的研究项目、要求不受妨碍或要求视野宽阔的设备设计的。这些设备包括望远镜、天线、辐射仪和雷达等。"空间实验室"最多可由5个U形台架组成，上面安装的仪器设备可以重达5.4吨。

打造神经科学实验室，该实验室于1998年随哥伦比亚号航天飞机上天执行STS-90任务

链接： 欧洲"空间实验室"是一种多功能、多用途的轨道研究设施。它能完成各种空间科学与应用研究任务，每次飞行能接纳 1～4 名有效载荷专家。他们乘坐航天飞机的乘员舱进入空间和返回地面。按照设计要求，"空间实验室"能在近地轨道上完成 5 个领域的大量研究与实验任务：①对地观测；②天文观测；③生命科学研究；④生物医学实验；⑤工业技术研究。

4 首次飞行

1983 年 11 月 28 日，在执行 STS-9/STS-41A 任务中，哥伦比亚号航天飞机将空间实验室 1 号发射升空。"空间实验室"完成的第 1 项实验是航天员李希滕伯格进行的失重对淋巴细胞的影响。11 月 29 日，进行了 22 项实验，包括耳前庭实验、失重下的重量判定、投影心电图、X 光谱学、带电粒子引起的现象研究、宇宙射线和大气研究等。航天员进行了旋转、跳跃、翻滚、电震等平衡机制实验，以了解失重状态的航天晕动病和平衡功能失调的原因。在做耳内腔试验时，李希滕伯格在一只耳朵里注入热空气，在另一只耳朵里注入冷空气以分析耳内腔的特性，实验证实了流体在耳内半循环通道中的循环理论。

11 月 30 日，有效载荷专家首次测得了 80～100 千米高的大气层中氖的浓度，这是认识地球大气的重要数据。这一天，航天员还利用日本电子枪在离航天飞机 100 米处进行了人造北极光实验。12 月 2 日，航天员用相机开始了对地拍照，获得了 1500 张地球的照片。在天文观测方面，航天员利用 X 射线望远镜搜集了关于遥远恒星的演化和死亡情况的资料，有些数据

空间实验室 1 号

是几十亿年前死亡的恒星喷射出来的 X 射线。这些资料有助于对恒星能源及演化有更深入的认识。

链接： 材料加工实验是空间实验室 1 号的重要项目。11 月 30 日，航天员默伯尔德首先开始了冶金实验，航天员们利用专用设备生产出了全新的高强度轻合金——锌铝合金，这种合金是航空器和航天器的优质结构材料。他们还得到了在地球上难以制造的晶体非金属合金及利用流体物理舱进行失重力条件下的流体特性。这些实验的目标是对晶体生长、流体物理和冶金学进行初步实验，对新型设备进行验证，以为今后的工作积累数据。

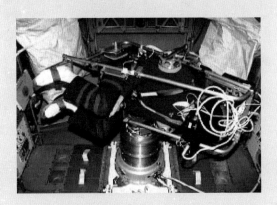

在"空间实验室"进行实验

5 其他项目

空间实验室 3 号先于空间实验室 2 号在 1985 年 4 月 29 日搭乘挑战者号航天飞机进入轨道。这次飞行有 7 名航天员，其中 2 名是有效载荷专家（包括美籍华裔科学家王赣骏）。空间实验室 3 号上除装有各种仪器外，还安装了价值 1000 万美元的零重力动物笼子，里面装有研究用的 2 只鼠猴和 24 只老鼠。7 名航天员在空间实验室 3 号上进行 4 大类 15 项科学实验，内容涉及材料科学实验、流体力学实验、生命科学实验和大气及天文观测。

空间实验室 3 号完成的主要实验项目有：①在流体中生成晶体；②从

蒸汽生成晶体；③碘化汞晶体生成；④液滴动力学实验（这是王赣骏设计的实验，用于研究在零重力下用声波操纵液滴的能力。利用这个研究的结果，可以探索发展无容器处理技术、改善冶金和化学过程处理法。液滴研究对于大气物理、气象学、材料科学和天体物理学都具有很大价值，有上百家公司表示对这项实验送回的数据感兴趣）；⑤地球物理流体流动实验；⑥大气化学；⑦极光观测；⑧动物驯养实验；⑨生命科学试验。

"空间实验室 D1"内的航天员

　　1985 年 7 月 29 日至 8 月 6 日，挑战者号航天飞机将空间实验室 2 号送入太空。这次飞行的主要目的是研究太阳、探测地球高层大气和寻找有关黑洞的证据。空间实验室 2 号上装备了大量科学仪器，航天员利用这些仪器进行了探测和研究活动：观测了太阳大气中磁场的强度、结构和演变；测量了太阳中氢的分布量、紫外线放射，以获得有关日冕气体的温度、密度和成分的数据；研究了太阳色球层、日冕和它们之间的过渡区；测量了太阳放出的紫外线总通量的短期和长期变化；研究了自然等离子体和轨道器感应的等离子体的变化过程及射束等离子体物理学；进行了飞行器电荷电位实验；利用轨道器推进装置多次点火排出的水蒸气引起电离层穿孔，以获得等离子体温度变化及对无线电波的影响；用 4 架望远镜详细观测了太阳表面剧烈的爆发效应；用 X 射线望远镜来成像和研究星系团的 X 射线源，以确定引起高温的原因和星系团的质量；用红外望远镜测量和绘制红外天体图；观测了银河系中的大尘云；研究了零重力下超流体氦的特性，以了解常态液氦和超流态氦的区别。空间实验室 2 号获得的大量天文数据有助于了解宇宙结构及其起源，失重条件下的物理和生物实验也有助于规划长期载人太空飞行。

　　1985 年 10 月 30 日，挑战者航天飞机在进行第 22 次飞行时将"空间实验室 D1"送入轨道。这个实验室由改进的长增压舱加 1 个 U 形台架组成。航天员进行了 76 项科学实验，内容涉及冶金、玻璃和陶瓷制造、晶体生长、医学生物学研究、人体生理、导航和通信等。航天员还从"空间实验室 D1"里成功地释放了 1 颗小型卫星。

链接： 从 1983 年 11 月到 1998 年，"空间实验室"随航天飞机共进行了 22 次飞行（压力舱累计太空飞行 244 天）。其主要有效载荷包括天体物理实验室、大气应用和科学实验室、生命科学实验室、国际微重力实验室、微重力科学实验室、美国微重力实验室和神经科学实验室。虽然"空间实验室"的飞行次数和预定的计划相差甚远，但从每次飞行的成果来看，它取得的成绩还是相当令人满意的。

航天员在机载"空间实验室"工作

　　通过"空间实验室"的研制和运行，欧洲获得了许多有益的经验，"空间实验室"取得的不少技术成果后来都用在"国际空间站"欧洲哥伦布号实验舱上。可以相信，我国的空间实验室的许多成果也将在其后建造的空间站中发挥作用。

"天和"核心舱有哪些功能？它采用了哪些先进技术？

2021年4月29日，我国用长征五号B大型运载火箭在海南文昌发射场成功将"天宫"空间站的第一个舱段——"天和"核心舱送入太空，宣告了中国开启空间站任务的新时代。2022年7月24日和10月31日，我国又先后发射了"问天"实验舱、"梦天"实验舱依次与"天和"核心舱对接，从而建成了我国第一座国家级、国际性太空实验室的基本型。

1 核心之舱

最先发射"天和"核心舱对建造"天宫"空间站至关重要。它全长16.6米，发射质量22.5吨，是空间站的管理和控制中心，可支持3名航天员长期在轨驻留，开展舱内外空间科学实验和技术试验。

"天和"核心舱的体积非常大，直径比火车和地铁的车厢还要大，体

积比目前在轨飞行的"国际空间站"的任何一个舱位都大，所以航天员入驻后，活动空间非常大，可让航天员在太空中更加舒适地长期生活。由于核心舱在设计上比过去有了很大突破，所以供航天员工作和生活的空间可达50立方米。对接上两个实验舱后，空间站整体空间可达110立方米。

吊运"天和"核心舱准备做热真空试验

链接： 核心舱是"天宫"空间站组合体的控制和管理的主份舱段，具备交会对接、转位与停泊、乘组长期驻留、航天员出舱、保障空间科学实验等

能力。其用于统一管理和控制空间站组合体，支持实验舱、载人飞船和货运飞船等飞行器与其交会对接和在轨组装，提供航天员生活和工作场所，具备接纳航天员长期访问和物资补给的能力，同时支持部分学科的科学研究，配置了大机械臂，具有备份气闸舱功能。它可装 4 个科学实验柜，支持开展航天医学和空间科学实验。

2 舱段组成

"天和"核心舱由节点舱、生活控制舱（包括大柱段和小柱段）、后端通道和资源舱组成。其最大直径 4.2 米（大柱段），最小直径 2.65 米（小柱段）。发射升空后，它可为航天员提供太空科学和居住环境，支持长期在轨驻留，承接载人飞船和货运飞船的对接停靠。

节点舱有 3 个对接口和 2 个停泊口，可对接 2 个实验舱、2 艘载人飞船。还能充当气闸舱，供早期航天员出舱。其前向接口与生活控制舱相连，左右两个方向专门用于"问天"和"梦天"实验舱停泊，轴向和对地向对接口主要用于飞船的对接或停泊，对天向对接口用于航天员早期出舱。

生活控制舱分小柱段和大柱段，能够提供 3 名航天员生活、工作空间及配套支持系统。小柱段有 3 个睡眠区，即每名航天员都有一个独立的睡眠区，还有卫生间。大柱段是乘组工作、控制、锻炼和休闲的地方。

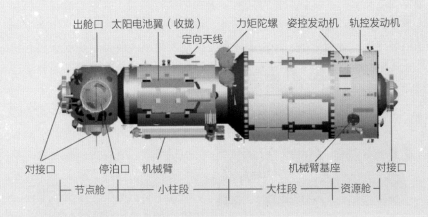

"天和"核心舱结构图

舱内有空间站统一控制系统、厨房、卫生间、科学仪器、通信设备、计算机系统、消防系统和空气处理系统等，也包括空调和 Wi-Fi 等。

在密封的生活控制舱内，配置了工作区、睡眠区、卫生区、就餐区、医监医保区和锻炼区六个区域。在就餐区配置了微波炉、冰箱、饮水机和折叠桌等家具；在锻炼区配置了太空跑台、自行车功量计、抗阻拉力器等健身器材，以满足航天员日常锻炼。

与以前发射的天宫一号目标飞行器和天宫二号空间实验室不同，进入核心舱内的 3 名航天员不用"值夜班"了，因为舱内装有新型的声光电报警系统，可以在发现情况后及时通知航天员，以便快速处理。

资源舱是非密封舱，为空间站提供电力、推进燃料等必需的资源。末端对接口用于对接"天舟"货运飞船，接收地面运来的物资。

"天和"核心舱姿态控制采用力矩陀螺方式进行，即利用动量交换原理，通过改变角动量方向来产生控制力矩。采用这一技术的优点是精度和可靠性很高，所以核心舱运行可以十分稳定。

3 空间机械臂

"天和"核心舱采用了不少新技术，大大提高了空间站的效能。

在核心舱小柱段外围配置有一部承载力达 25 吨的 10 米长 7 自由度大型空间机械臂。它首尾两端配置相同，可经由在空间站外壁布置的"电力数据抓取夹具"，实现机械臂在舱体表面的爬行移动。无论是舱段转位、大设备的移动，还是航天员自身移动，都可用该机械臂完成，是中国空间站组装建造、运营管理、维护服务和空间应用的核心装备。在航天员和机械臂协同下，能完成复杂舱外建造和操作活动。

"天和"核心舱大型空间机械臂金星微重力气浮平台抓取试验

2022 年发射的"问天"实验舱配置了 1 个承载力为 3 吨的 5 米长的小机械臂，它也可以爬行到"梦天"实验舱，因而"梦天"实验舱未配置小型机械臂。小机械臂还能与核心舱的大机械臂组合成 15 米长的更大机械臂，完成更艰巨、更复杂的任务。

链接： 小机械臂有以下几个特点：一是更加精巧，小机械臂的质量和长度均约为大臂的一半，负载能力约为大臂的1/8，相应的目标适配器也更加轻巧，小臂的运动和操控灵活。二是更加精准，小臂的末端定位精度更高，位置精度优于大臂的5倍，姿态精度优于大臂的两倍，能够完成精度要求更高的精细操作。三是可与大臂级联工作，也就是小机械臂可被大机械臂抓取形成组合机械臂，舱外作业覆盖范围更广，通过大范围转移满足去往不同位置进行精细作业的需求。

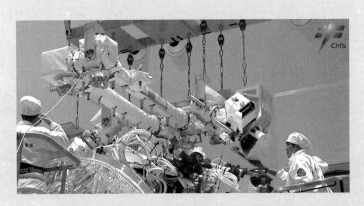

科研人员正在检测"问天"实验舱上的空间小机械臂

在担负的任务上，首先，与大机械臂相似，小机械臂通过目标适配器连接分离切换，可实现独立舱外爬行，完成航天员出舱活动支持、舱外状态检查等任务。其次，小机械臂可发挥自身精巧、精准的特点，完成精度要求更高的各类载荷和平台设备的舱外安装、维护和照料等精细操作。小机械臂还可通过组合臂转接件实现与大机械臂的级联组合，实现航天员和载荷的大范围作业，如后续需要在舱外安装的设备，可以通过货运飞船上行至"梦天"实验舱的货物气闸舱，通过组合臂的抓取和转移，完成在舱外载荷平台上的安装。最后，大小机械臂可协同开展舱外操作任务，还能完成互巡互检的自身维护工作，有效地提高了机械臂系统的可靠性。

可以说，空间站配置的大小两个机械臂，分工各有侧重，又相互配合，实现了"1+1 > 2"的实用功能，满足空间站任务的需求。

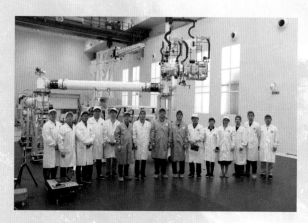

"天和"核心舱空间大机械臂团队

4 再生生保

　　为了让航天员实现更久的在轨停留和降低成本，"天和"核心舱设计了完整的再生式生命保障系统。航天员呼出的水蒸气会通过冷凝水方式回收，排泄的尿液也会回收净化，重新作为饮用水和生活用水使用。电解制氧时产生的氢气与航天员呼出的二氧化碳，通过化学反应生成氧气，这也能够降低氧气的补给需求。

　　舱内使用的超级"净水器"是采用蒸气压缩蒸馏技术将预处理后的尿液进行旋转蒸馏，收集到的水蒸气冷凝后形成蒸馏水，然后将蒸馏水输出给水处理子系统进行深度净化处理，从而把尿液中的水分提取利用，实现了空间站水资源的循环利用，同时减轻了货运飞船的载荷负担，大大降低了空间站的运营成本。

链接： 载人航天工程总设计师坦言，尿处理技术曾是最难攻关的。尿里含有各种各样的物质，具有腐蚀性，而且把尿净化成水，喝起来又是什么感觉？通过技术人员不断地对标、攻关，终于解决了这一难题。以前3个人的乘组，一年大约需要8吨物资，而现在只需400千克，95%的补给都是我们通过可再生的办法获得的。

"天和"核心舱上的环控生保分系统的尿处理子系统

　　"天和"核心舱的再生式生命保障系统已为神舟十二号到十五号乘组提供了良好的载人环境，满足航天员在轨的物质代谢需求。航天员排出的湿气可收集成冷凝水，尿液回收再处理成饮用水和电解制氧，水的回收效率高于95%，水的利用效率高于83%，均满足指标要求，通过这项技术，大大减少了通过货运飞船上行携带航天员饮用水和氧气的需求量。

5 类似折扇

　　核心舱采用了大面积可展收柔性太阳电池翼，它集合了大面积轻量化、重复展收高可靠、低轨10年在轨长寿命、刚柔并济高承载四项全新技术。

　　其单翼展开达12.6米，面积达67平方米，双翼展开面积可达134平方米，收拢后却只有一本书的厚度。这是我国首次采用柔性太阳电池翼，作为航天器的能量来源。与传统刚性、半刚性太阳

"天和"核心舱入轨后展开的大型柔性太阳电池翼

电池翼相比，柔性太阳电池翼体积小、展开面积大、功率质量比高，发电能力初期为 18 千瓦，末期近 10 千瓦，超出了设计预期，在满足舱内所有设备正常运转的同时，也完全可以保证航天员在空间站中的日常生活，在出舱活动、交会对接、机械臂转位等能源需求较大的任务中提供了充足的能源供给。

链接： 比起传统的刚性、半刚性太阳电池翼，柔性太阳电池翼全部收拢后只有一本书的厚度，仅为刚性太阳电池翼的 1/15。基板采用超薄型轻质复合材料，对用来防护空间环境的胶层的涂覆厚度也进行了严格控制。

"天和"核心舱的太阳电池翼采用了 6 台有源机构三维五步展开，展开过程持续 40 分钟。首先，起爆 15 发火工品，解除太阳电池翼与小柱段舱壁的固定；紧接着抬升机构通过"俯仰运动"将太阳电池翼从舱壁上立起；随后，展开锁定机构通过"扩胸运动"将两个太阳电池翼向两侧展开，约束释放机构通过"转体运动"解除收藏箱的约束；最后，伸展机构通过"伸展运动"带动太阳电池翼完全展开。每个规定动作都经过大量的地面验证试验，确保姿势标准、娴熟流畅。

"天和"核心舱舱内实景

链接： 在展开过程中，数节伸展机构依次向外推出，带动太阳电池翼向外展开，像是一架被缓缓拉开的手风琴。为了实现安全可靠且一次性成功展开，柔性太阳电池翼研制团队经过了多次方案论证，在地面进行了大量的高低温、载荷拉偏试验，从而确保了伸展机构在太空中也具备可重复展收、一气呵成的高可靠性；同时，伸展机构所具备的高刚度、高强度的特点，完全可以支撑柔性太阳电池翼在飞行过程中始终保持稳定姿态，自由翱翔。

"问天"实验舱有何特点？"梦天"实验舱与"问天"实验舱的不同在哪里？

2022 年发射的"问天"和"梦天"实验舱都能单独飞行，与核心舱对接后可对核心舱功能予以备份和增强，用于科学实验和技术试验，都支持航天员长期在轨驻留。在这两个实验舱的短桁架上，共装有 4 个（2 对）柔性太阳电池翼。它们更大，每个单翼翼展约为 30 米。它们使空间站总发电功率初期为 72 千瓦，末期为 27 千瓦，能很好地满足空间站的需求。

1 "问天"实验舱

2022 年 7 月 24 日升空的"问天"实验舱由工作舱、气闸舱及资源舱三部分组成，其中工作舱内设有 3 个卧室、1 个卫生间，以及多个实验柜；气闸舱用于航天员出舱；资源舱装有大量燃料、姿轨控动力系统和大型柔性太阳电池翼。

"问天"实验舱舱体总长 17.9 米，直径 4.2 米，自由活动空间近 50 立方米，发射质量约 23 吨（2021 年发射"天和"核心舱质量约 22.5 吨，长 16.6 米）。

我国先发射"问天"实验舱与"天和"核心舱对接，然后在 2022 年 10 月发射"梦天"实验舱与"天和"核心舱对接，这是因为"问天"实验舱除能像"梦天"实验舱一样开展大规模科学实验和技术试验外，还具备"梦

精雕细琢造"问天"实验舱

天"实验舱没有的四大功能。

一是"问天"实验舱也像"天和"核心舱一样具有空间站组合体统一管理和控制能力。如果"天和"核心舱发生某些故障，可以由"问天"实验舱控制整个空间站组合体。

二是"问天"实验舱像核心舱一样，在其工作舱内也有 3 个卧室、1 个卫生区。它与核心舱对接后，我国"天宫"空间站就可以满足两个航天员乘组（共 6 人）短期同时在轨生活、工作和交接班的需求。

三是"问天"实验舱有更宽敞、更舒适、更安全的专用人员气闸舱，可支持航天员更方便地出舱进行活动，保证航天员安全。所以它在与"天和"核心舱对接后，航天员就将改由"问天"实验舱的气闸舱出舱口进行出舱活动，而核心舱的节点舱出舱口变为备份出舱口。不过，"问天"实验舱气闸舱的出舱口是朝向地面的，而不像核心舱的出舱口那样朝向天空，这是因为"问天"气闸舱的上面要放置探索宇宙的舱外实验装置，"天和"核心舱节点舱的对地向是"神舟"飞船的径向对接口，所以其出舱口是朝天的方向。

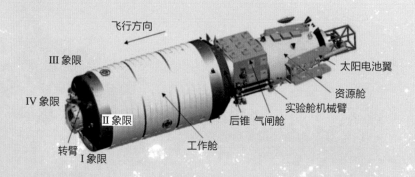

"问天"实验舱的结构图

链接： "问天"实验舱的气闸舱为外方内圆，里面圆柱状部分是航天员开展出舱活动时的"更衣间"，即出舱的气闸。其有一个直径达 1 米的门，比核心舱节点舱出舱口的门宽 0.15 米，这样不仅能使航天员更加方便地进行出舱活动，还能携带大的设备出舱工作。出舱气闸从外面看上去像方形的外壳是舱外暴露实验平台，上面配置了 22 个标准载荷接口。

四是"问天"实验舱气闸舱外配置了一个 5 米长、承重能力 3 吨的 7 自由度小型空间机械臂。它可单独使用和爬行，也能通过组合臂转接件和大机械臂级联组合，连接成 15 米长的组合机械臂，可实现航天员和载荷大范围转移。"梦天"实验舱没有机械臂，所以需要时，"问天"实验舱上的小机械臂可以爬到"梦天"实验舱上作业。

2 大电池翼

"问天"实验舱和"梦天"实验舱的相同之处是，它们都配备了一对双自由度大型柔性太阳电池翼，单个太阳电池翼展开面积约 138 平方米（核心舱单个太阳电池翼展开面积约 67 平方米）。由于其太阳电池翼面积大、柔性也大，所以发射后其单翼先展开 6.5 米，与"天和"核心舱对接完成后再展开到位 27 米（"天和"核心舱的太阳电池翼单翼展为 12.7 米，天宫二号太阳电池翼单翼展开为 3 米）。这样可提高可控性，确保对接成功。

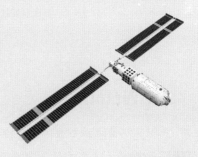

"问天"实验舱有一对巨大的太阳电池翼

3 控制力矩陀螺

此次"问天"实验舱带了 4 个 1500 牛·米·秒控制力矩陀螺。随后，航天员将把此前天舟四号货运飞船携带的 1 个控制力矩陀螺安装到"问天"实验舱上，后续的天舟五号还会再"捎"上去一个控制力矩陀螺，也装在"问天"实验舱上。多个控制力矩陀螺联合使用，可使巨大的空间站的姿态控制能"坐如钟、行如风"。

中国空间站使用的是目前我国该类产品中最大的 1500 牛·米·秒控制力矩陀螺，共要配备 12 个，此前随"天和"核心舱上天了 6 个，核心舱大柱段和小柱段连接锥面外壁上的 6 个白色圆球就是控制力矩陀螺。"问天"实验舱最终也是装 6 个控制力矩陀螺。

我国空间站上的控制力矩陀螺

4 四台机柜

"问天"实验舱主要用于开展空间生命科学研究，可以装 8 个科学实验柜，此次带上去 4 个科学实验柜，并配置了舱内外应用任务共用支持设备。以后根据需要，还将用货运飞船将科学实验柜运到"问天"实验舱上进行在轨组装。2022 年 10 月 31 日上天的"梦天"实验舱由于没有卧室和卫生间，所以可以装 13 个科学实验柜及货物气闸舱。

链接："问天"实验舱主要用于空间生命科学研究，舱内配置了生命生态、生物技术和变重力科学等实验柜，能够支持开展多种类植物、动物、微生物等在空间条件下的生长、发育、遗传、衰老等响应机理研究，以及密闭生态系统的实验研究，并通过可见光、荧光、显微成像等多种在线检测手段，支持分子、细胞、组织、器官等多层次生物实验研究，还能提供 0.01 ～ 2g 的变重力模拟，支持开展不同重力条件下生物体生长机理的对比研究。

"问天"实验舱内的 4 个科学实验柜

5 "梦天"实验舱

2022 年 10 月 31 日升空的"梦天"实验舱主要任务是支持密封舱内应用和舱外试验。它配置了货物专用气闸舱,此舱可在航天员和机械臂的配合下,支持载荷和设备自动出舱。"梦天"实验舱装有与"问天"实验舱相同配置的大型柔性太阳电池翼。

"梦天"实验舱和"问天"实验舱构型差不多,舱内最多可装有 13 个科学实验柜。它的特点是配置了一个货物气闸舱,一些科学实验装置可先通过货物气闸舱出舱,再由机械臂接管,把科学实验装置装载在舱外的一些实验载荷平台上。

"梦天"实验舱升空时约为 23.3 吨,由工作舱、货物气闸舱、载荷舱、资源舱四个舱段组成,其中货物气闸舱嵌套在载荷舱内,两舱共同组成"多功能实验舱"。其全长 17.88 米,直径 4.2 米。

工作舱是航天员舱内工作与锻炼的地方,里面装有舱内科学实验柜。其前端面配置交会对接机构和用于在轨转位的"转位机械臂"。该舱总长约 9.3 米,其中柱段长 6.6 米,最大直径 4.2 米,舱内提供 13 个标准实验机柜的安装空间。

工作舱　　　　　　货物气闸舱　　　　资源舱

载荷舱

"梦天"实验舱的结构图

载荷舱与货物气闸舱则是以类似套娃的"双舱嵌套"形式与工作舱相连，即在载荷舱的内部隐藏着一个货物气闸舱，主打货物出舱专用通道。

链接： 载荷舱在朝向地球一侧的第Ⅰ象限与朝向天顶方向的第Ⅱ象限分别配置两块面积5平方米的展开式暴露实验平台，第Ⅰ象限展开暴露实验平台展开后还可露出一块固定式舱外暴露实验平台，三块暴露实验平台配置了24个标准接口，它们可以安装各类舱外暴露实验载荷与观测设备。

货物气闸舱呈柱体结构，轴向长2.3米，直径约2.2米，容积约8立方米。与之对比，"问天"实验舱的人员气闸舱容积约9.6立方米，"天和"核心舱的节点气闸舱容积约6立方米。"梦天"实验舱上的货物气闸舱是迄今世界最大的货物气闸舱，它可支持运送的货物包络尺寸是1.15米×1.2米×0.9米。

对"梦天"实验舱进行测试

紧邻载荷舱的是轴向长度约5.1米的资源舱，配置有翼展超55米的大型柔性太阳电池翼和双自由度对日定向装置。资源舱上还有一部中继天线。

6 特别之处

"梦天"实验舱最大的特点是有一个货物气闸舱。在完成货物出舱任务时，航天员首先会手动开启内舱门，此时外舱门呈关闭状态，工作舱与气闸舱形成一个密闭的工作环境，气闸舱内负责搬运货物出舱的载荷转移机构能伸进工作舱内，航天员不用穿舱外航天服，在舱内就可以完成载荷、货物的安装操作；随后，转移机构缩回至气闸舱，航天员关闭内舱门，由地面发出指令打开外舱门，实现货物的顺利出舱。

研制团队对货物气闸舱的外形尺寸根据出舱货物的大小进行了最优设计，气闸舱 2.2 米的直径既保障了货物有充足的空间进行安全转运，又减少了对空间站内的气体损耗，提高了空间站的气体利用率。

在"梦天"实验舱的气闸舱内配置了一台载荷转移机构，它可以稳定地执行将货物从舱内送出舱外，或将舱外货物运至舱内的任务。

链接： "梦天"实验舱还专门配置了微小飞行器在轨释放机构，它在载荷转移机构与机械臂的配合下，能够满足百千克级微小飞行器或多个规格立方星的在轨释放需求，解决了微卫星和立方星低成本进入太空的问题，从而能进一步提高空间站的综合应用效益。

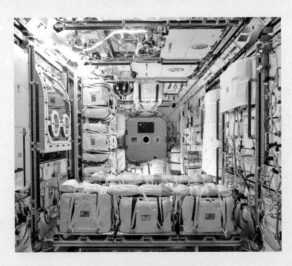

"梦天"实验舱的工作舱内部

　　"梦天"实验舱主要面向微重力科学研究，可装 13 个科学实验柜，支持流体物理、材料科学和超冷原子物理等前沿实验项目。为了最大化实现舱外试验支持能力，其舱外配置有 37 个载荷安装工位，能为各类科学实验载荷提供机、电、信息方面的能力支持，确保它们在太空环境下开展各类实验。特别是载荷舱上配置有两块可在轨展开的暴露载荷实验平台，可进一步增强空间站的载荷支持能力。

　　"梦天"实验舱升空时装了 9 个科学实验柜和 1 个共用机柜：超冷原子物理实验柜、高精度时频实验柜（2 个）、高温材料科学实验柜、两相系统实验柜、流体物理实验柜、燃烧科学实验柜、在线维修装调实验柜和航天基础试验机柜。

在地面进行空间站的三舱联试

7　如何转位

　　2022 年 11 月 3 日，两天前对接成功的"梦天"实验舱从"天和"核心舱的前向对接口分离，转位至核心舱的侧向停泊口完成转位。此前一个多月，"问天"实验舱曾完成转位，两次转位过程相似：转位期间，实验舱先完成相关状态设置，再与空间站组合体分离，最后采用平面转位方式完成转位，与"天和"核心舱节点舱侧向端口再次对接。

　　转位动作在我国空间站的建造及后续任务实施中发挥了重要作用。

　　"问天""梦天"两个实验舱在发射后，先与"天和"核心舱进行前向交会对接，再通过转位动作从"天和"核心舱前向对接口移动到侧向停泊口，完成空间站"T"字基本构型的建造任务。

　　转位主要由转位机构实施，"天和"核心舱上的大机械臂作为转位备份。转位机构由转臂和转位基座组成。转臂在"梦天"实验舱上，好像"梦天"实验舱伸出去的手臂。转位基座在"天和"核心舱节点舱上，是"梦天"实验舱上这只"手臂"要抓取的位置。

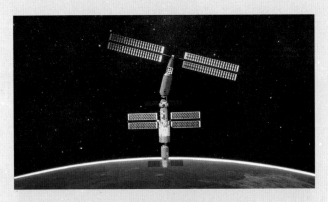

"问天"实验舱转位

　　链接：转位前，空间站组合体是垂直于地球的姿态。采取这样的方式，主要是因为空间站运行于近地轨道，调整至垂直于地球的姿态进行转位，可以减少大气扰动，稳定性最佳。

　　在完成相关状态设置后，"梦天"实验舱进入自主转位流程：首先，对接机构解锁，"梦天"实验舱转臂伸向"天和"核心舱上的基座，转臂和基座捕获连接，"梦天"实验舱和核心舱分离。接下来，转臂的关节运动将"梦天"实验舱从核心舱的前向对接口转动 90°，转到核心舱的侧向停泊口。这个转位是在同一平面内进行的，叫作"平面式转位"。这样的转位动作更易于空间站的姿态控制，舱体在转位前后，对天、对地面保持不变，从而确保各舱段的科学设备可以发挥最大效用。最后，"梦天"实验舱与核心舱侧向停泊口对接捕获，转臂解除与基座连接，"梦天"实验舱与核心舱锁紧，完成转位。

为什么实验舱不能在发射后，通过侧向交会对接，直接接到"天和"核心舱的两侧呢？有两方面原因：一是实验舱与空间站组合体进行侧向对接，会因为质心偏差对空间站姿态造成较大影响，甚至可能会有滚转失控的风险；二是根据空间站建造方案，两个实验舱将在"天和"核心舱的侧向永久停泊，如果选择侧向交会对接，首先需要在"天和"核心舱两个侧向端口分别配置一套交会对接设备，并且这两套设备只能使用一次，会造成资源的浪费。由此可见，两个实验舱先与核心舱进行前向交会对接，再通过转位移至核心舱侧向停泊口的方案设计是最优的。

"梦天"实验舱与"天和"核心舱快速交会对接示意图

"梦天"实验舱转位

链接： 两个实验舱在转位任务安排上有些差异。"问天"实验舱在经过发射和交会对接后，开展航天员出舱等一系列任务，而后开展转位。与"问天"实验舱不同，"梦天"实验舱在发射、交会对接后直接转位，待形成"T"字构型组合体后，再开展在轨测试、航天员驻留等任务。

8 "T"字构型

据航天五院空间站系统总指挥王翔介绍，转位后的"T"字构型结构对称，在姿态控制、组合体管理上都是比较稳定的构型，易于组合体的飞行，且由于其受到的地心引力、大气扰动等影响较为均衡，空间站姿态控制消耗的推进剂和其他资源较少。若采用非对称构型，组合体的力矩、质心与所受到的干扰对姿态控制和轨道来说都不是对称的，其飞行效率更低，控制模式更加复杂，一旦构型发生偏转，就需要付出额外的代价和资源将其恢复至原来的姿态。

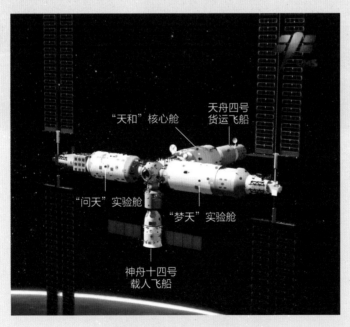

2022 年 11 月空间站"T"字构型示意图

中国空间站在设计之初就运用了系统科学的思想：系统的各部分各自独立，组成系统时又相互联系、相互作用，有机地形成一个整体。

　　三舱形成"T"字构型后，以"1+1+1=1"的理念构建"组合体核心"。其中，由"天和"核心舱进行统一的组合体管理，包括姿态轨道控制、载人环境、热控、信息通信等；"问天"实验舱与"天和"核心舱互为备份，可随时接替"天和"核心舱对空间站组合体进行统一管理和控制；"问天"实验舱、"梦天"实验舱为开展舱内外科学实验提供支持。三舱协同配合、有机统一，构成更加完整可靠的空间站组合体。

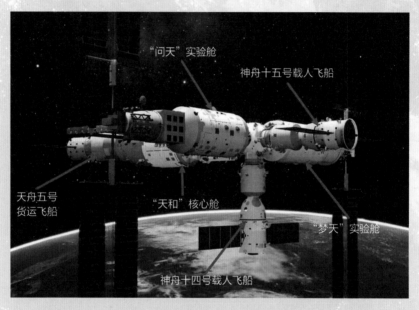

2022 年 12 月空间站"T"字构型示意图